建筑画环境表现与技法

建筑画环境表现与技法

钟 训 正

中国建筑工业出版社

图书在版编目（CIP）数据

建筑画环境表现与技法/钟训正编. —北京：中国建筑
工业出版社，1985.1（2023.8重印）
ISBN 978-7-112-00998-5

Ⅰ.建...　Ⅱ.钟...　Ⅲ.建筑艺术-绘画-技法（美术）
Ⅳ.TU204

中国版本图书馆 CIP 数据核字（2005）第 010461 号

责任编辑　王伯扬
封面设计　张树杰
装帧设计　郭耀秀

建筑画环境表现与技法

钟 训 正

*

中国建筑工业出版社出版、发行（北京西郊百万庄）
各地新华书店、建筑书店经销
北京云浩印刷有限责任公司印刷

*

开本：787×1092毫米　1/12　印张：18　字数：10千字
1985 年 8 月第一版　2023 年 8 月第五十三次印刷
定价：**38.00** 元
ISBN 978—7—112—00998—5
（4749）

概　　　述

绘画工具

　　就绘画工具而言，我原喜欢用铅笔，它有丰富的表现力。它的最大的特点是可浓可淡，可粗可细，可以画刚劲有力的线条，也可画柔和匀称的体和面。它的笔触可细柔如游丝，精致细腻，也可粗犷如泼墨，豪迈奔放，因其浓淡粗细虚实自如，可以用简炼的笔触表达出含蓄而丰富的内容。用之于速写，其特点是速度快，画幅不受限制，尤其在作快捷草图时，可抓住瞬息的灵感即兴快速地形之于纸面。尽管铅笔画的优点不少，但缺点是保存不易，复印效果差，层次减少，制版印刷要求高，价格昂贵。而钢笔画在这一方面则相反：易于保存，复制印刷均较经济方便，又不易失真。因此，在重大的国际设计竞赛中，即使是印刷术较为先进的国家，也常规定用此种表现法。钢笔画纯粹是线的组合，以线的粗细、疏密、长短、虚实、曲直等来组织画面，线条无浓淡之分，画面效果黑白分明、明快肯定。它的不便之处是不能擦改，作速写时画幅受到一定的限制。

　　钢笔发源于羽毛管笔，羽毛管笔质软而富有弹性，笔触有较大的粗细变化，有多变的笔锋。现代的针管笔所画的线条粗细均一，作画时全靠线条组合之疏密、虚实。它特别适合于用器画（直线尺、曲线尺），而这也正是现代建筑画的主要特点。现代尚有塑料笔、毡笔等，笔头较粗，转动笔锋、控制出水量和落笔的轻重，笔触可有枯盈粗细上的变化，用此种工具画幅可不受限制。毡笔较粗，一般适用于草图一类写意的画法。

　　现在，钢笔一般已是线条画的统称了，它包括了针管笔、塑料笔画等。

建筑画的钢笔画技法

　　建筑画的钢笔画技法，随着绘画工具的进展和建筑形式的演变，今昔有较大的差异。古典建筑是在有限的建筑材料的基础上，讲究建筑实体的变化，装饰细部和线脚均较繁复。因此，建筑绘画在形和光影明暗的变化上，有运用多种笔触和技巧的机会，结合形体的跌宕起伏，笔触可抑扬顿挫，萦回转折，虚实有致，画面自有一番情趣。现代建筑没有繁琐的体形和细部，建筑的工业化使建筑物侧重于空间、体、面及材料质感的表现，形成建筑物的实体往往是简洁明快的，轮廓线则又是流畅舒展的，因此古典技法在表现现代建筑时往往无能为力。现代建筑画结合简朴的形体，发展了新的技巧——用器画，采用各种画线的工具，以较有规律的线组——竖线、水平线、斜线、曲线、透视灭线或数种线组的交叉——来组成画面，建筑物的形式和表现技巧易于和谐一致。

　　线条的组织有两种目的，一是表现色调，另一是表现质感。线条的组织技法多种多样（参见插图）。

　　各种组织方式在感觉上各有其特殊的效果，必须视对象巧为运用。一般说来，轻柔的物体用细疏的线组或曲线线组，刚劲的物体用直线线组。至于各种材料的质感纹理表现，更是不胜枚举。但有些物体的质感是有明确的组织规律的，如砖墙、瓦、草屋面、石墙及铺地，还有木料、大理石、水纹、叶丛等各有其独特的表现法。在表现其纹理的同时也表现一定的色调。有些物体没有明显的质感纹理，它的明暗色调在上述图例中有较大的选择幅度。但必须注意的是：同一种材料的色调表现方式在同一画面上应该是一致的。

　　钢笔画有四种基本画法：

　　一、以勾形为主的单线画法，即所谓白描。这种画法以画出物体的轮廓及面的转折线为主，在内容较繁杂时可加重前后交叠物体中前物体的轮廓线，以增加画面的层次。一般说来，轮廓线最重，体与面的转折线次之，平面上的纹理线最轻。此种方法易取得淡雅的效果。

　　二、单线勾形再加上物体质感和色感的表现。当然，表现质感的同时也可表现色感，色感的深浅以表现质感的线组的疏密来调整。此种方法有一定的装饰效果，适用于室内设计图。

　　三、单线勾形再加简单的明暗色调的表现。这种画法有一定的立体感，可产生明快简朴的效果。另一相似的方法是只在画面主题上施以简单的明暗色调，而在配景中则免去明暗色调，以加强"聚焦"的效果。

　　四、以色感与光影的表现为主的画法。体和面以色和光来区分，以面的表现为主，不强调构成形的单线。此种画法的空间感强，层次多，较富有表现力，但掌握全局较难。

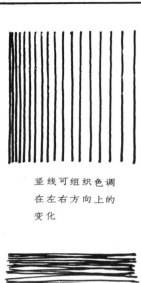

竖线可组织色调
在左右方向上的
变化

横线可组织色调
在上下方向上的
变化

横竖线合用加重了
色调，也可组织从
一个角到另一个角
的色调上的变化

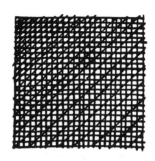

横竖斜的交叉使
用使色调更深

横竖及双向斜线
可造成最深的色
调

横线略有斜度，
密集处稍有交叉，
有活泼感

两组较密集而平行的线
组成小角度的交叉，由
于光渗现象而形成类似
木纹的特殊纹样

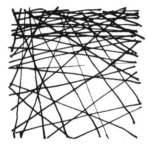

无一定方向的长乱线

无一定方向的短乱线

有一定方向的短乱线

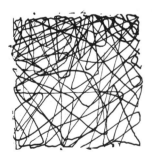

连续长乱线

不规则的席纹

双向点划线

小回转曲线

有一定方向的回转
线（虫蚀状）

建筑环境表现

　　建筑环境表现是建筑画中不可忽视的部分。现代建筑画往往是建筑物较为简洁而环境却较优美。一般作画者最易忽略环境的真实性和生动感。有些建筑画只有建筑物本身，它仿佛置身于荒野，与环境的漠不相关也使得建筑物本身显得矫柔做作。现代建筑极其重视与环境的有机关系，两者相辅相成。建筑物总是依据环境的特定条件设计出来的，周围的一景一物都与之息息相关。因此在画面上，建筑周围的树木、房屋、街景、道路等都必须忠实地反映出来。透视图选视点在实际环境中要有可能性，光影明暗必须符合建筑物的实际方位，也要和时间与季节相吻合，这样的建筑画才真实耐看。对环境中的诸要素，如树木、花草、人物、各种交通工具等，一般作画者往往缺乏这些方面的绘画素养，特别缺乏的是形象的"词汇"。因此掌握一定的"词汇"是必要的，至少手头要有足够的参考资料。"词汇"之中，最主要和最难掌握的是树木和人物。树木加强了建筑物与大自然的联系，可柔化建筑物生硬的过于人工化的体、面和线。树木又是千姿百态的，对建筑物而言，树木比例尺度的恰当和形态的优美可使画面更为生色。人物能增进画面的生活气息，可启示建筑的性质和性格，突出画面的重点，加深环境空间的深度，明确建筑物的尺度。人物的配置适当还可使画面生趣盎然。

建筑画的表现形式是多种多样的，有写实的、装饰性的、细腻的、简略的、抽象的等等。为适应这些表现形式，"词汇"也需要多样化，作画者可根据建筑形式、画的格调和构图手法等适当地采取一定的"词汇"。

学习建筑绘画的方法

建筑师创作的主要对象是建筑设计而不是建筑画。对建筑师来说，绘画是表达设计构思的一种手段而决非目的。建筑绘画只是把计划中的建筑物如实地预先展现于画面。所以尽管一般绘画有无数大相径庭的流派和风格，有些甚至是令人难以理解的抽象的意念，但建筑画却古今中外都倾向于写实，在第一印象中就要为人们所理解和接受。因此建筑画主要是要求形似，不象一般绘画讲究神韵，因而建筑画带有一定的"匠气"。建筑师主要是从事建筑创作，没有足够的时间和精力对绘画作无穷尽的探讨。一般说来，最便捷的是通过反复的临摹和练习来掌握一两种行之有效的技法。我认为临摹虽为正统的艺术工作者所忌，但对建筑师却可宽容。临摹不是一味的抄袭，而是要学用结合，反复不已。学习的方式有三种：

一、由简到繁，由大到小，由细部到整体，有计划有步骤地临摹，不要用"描红"的办法，不要用铅笔起草稿，直接用钢笔临绘。临摹对象可广一点，开始从叶丛、花草、树木、人、车、家俱等小单体着手，逐步深入充实，一直到较完整的建筑画。在临摹中我们一定要注意形象的准确性和用笔的灵活性。我们不妨用初步掌握的技法来临绘照片或作实物速写，提高迅速记录和表达形象的能力。初开始就临摹完整复杂的建筑画是没有多大意义的，很难消化吸收，欲速则不达。

二、从习作中找出自己的难点和不足。有的放矢地找一些有关的典范临摹学习，一般可通过写生——临摹——写生——临摹……也就是问题——解决——问题——解决……的办法逐步地巩固成果。

三、在绘制一幅正式的建筑画时，找一张内容条件相似的优秀样板，从全局到细部着意仿效，学习它的处理方法。经过多次反复后，可基本学习到完整的表现方法。

关于内容的几点说明

一、环境表现的图例内容中有树木、人物、车辆、飞机等。前面已说过，树木、人物是环境表现中的难点，也是重点，所以篇幅较多。以树木而言，此部分有些取材于国外书刊中的建筑画（钢笔画和其它画种），有些是笔者根据照片的写生或创作，少数取材于有实用价值的连环画等。六十年代初笔者曾晒印过树木的初稿；七十年代初又重新加以编绘增补并晒印。两种版本都曾流传在外。国内有些单位全盘加以复制，有的竟粗制滥造，形态和笔调与原稿大有出入。现为了明辨真伪，再加以整理编排和修改，内容也有所增删。

二、"怎样画好透视图"编写于1975年。有的单位在出版物中未经笔者同意而抄用图样；有个别单位甚至在自己的编著中照抄整篇图文而不言来源。此部分现仍为当时的原稿。

三、"建筑表现的基本技法"主要谈画面构图，重点、层次、空间感、统一集中、光影等的表现，其它从略。

四、最后部分的实例摹自国外书刊中较优秀或典型的作品，再根据自己的体会作了简短的评介。书刊上的图面一般都较小，有些甚至印刷不清，因此作了一些主观上的修正和补充。虽然我在描绘时全部采用徒手画，但尽可能保持原作的笔调、风韵乃至细微末节。此部分全面综合了环境表现、透视选点、质感、构图法则以及气氛意境的各种表现技巧。从这些实例中我们可以看出，虽然作画工具和用笔技法今昔有所区别，但基本法则——图面组合、层次、重点、光影明暗的规律等——仍然不变。

此图册在取材内容、编排方式、绘画技巧、文字解说等方面，缺点是在所难免的，望阅者不吝指教，容今后改正。

目　　录

一、建筑画的环境表现图例

（一） 树　木

（二） 人　物

（三） 车　辆

（四） 船　舶

（五） 飞　机

（一）树 木

树形 以叶丛的外形和枝干的结构形式为其特征，后者也常见于画面。尤其在建筑物前，为了减少对建筑物的遮挡，常以枝干的表现为主。

以叶丛的外形为主的树形

树的生长是由主干向外伸展。它的外轮廓的基本形体按其最概括的形式来分有：球或多球体的组合、圆锥、圆柱、卵圆体等。除非经过人工的修整，在自然界中很少呈完整的几何形，都是比较丰富多姿和灵活的。如果按完整的几何形体来画，往往不免流于呆板粗陋。但是，在带有装饰性的画面中，也可允许树木呈简单的几何形。这时必须注意与整体在格调上应协调一致，并在细部上（枝叶的疏密分布及纹理组织）求其有变化。

树木作为建筑配景的一部分，通常采用一般的品种和常规的表现方法，不宜过多地强调趣味，如盘根错节的老树枯藤，久经风吹的强烈动感等。

在画面中，树木对建筑物的主要部分不应有遮挡。作为中景的树木，可在建筑物的两侧或前面。当其在建筑物的前面时，应布置在既不挡住重点部分又不影响建筑物完整性的部位。远景的树木往往在建筑物的后面，起烘托建筑物和增加画面空间感的作用，色调和明暗与建筑物要有对比，形体和明暗变化应大事简化。近树为了不挡住建筑物，同时也由于透视的关系，一般只画树干和少量的枝叶，使其起"框"的作用，不宜画全貌。

枝干的结构形态

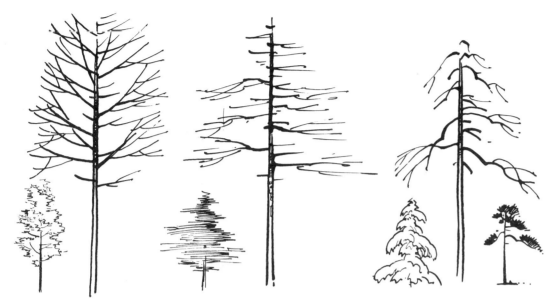

树枝沿垂直的一根主干朝上出权　　树枝沿垂直的一根主干平挑出权　　树枝沿垂直的主干出权下挂　　　　所有分权的树枝都倒垂，一般为近水垂柳

　　　　　　　　　　　　　　　　　　　　　　　　　　　　　　　　上述三种树都较挺拔高耸

由主干顶部向上放射，主干粗大，　　主干从根部开始分权　　　　　主干多，多见于灌木　　　　主干到一定高度不断分权，枝越分越密，形成

多见于行道树　　　　　　　　　　　　　　　　　　　　　　　　　　　　　　　　　　　　　　一茂密的树冠

3

枝干的大小尺度

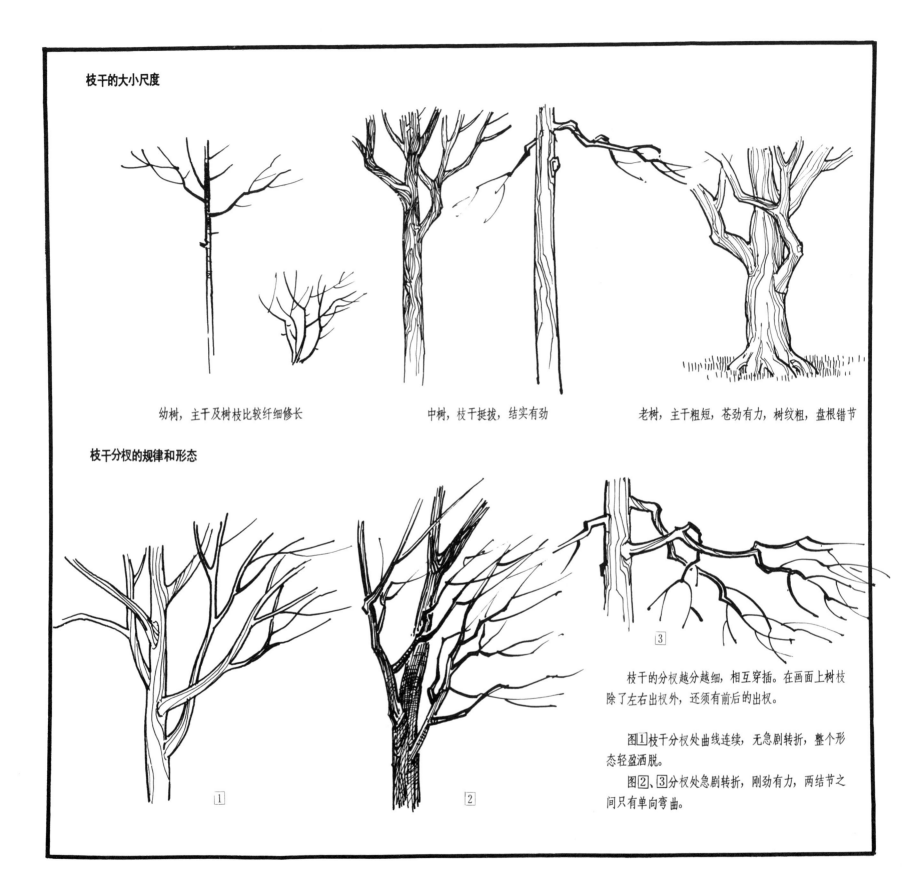

幼树，主干及树枝比较纤细修长

中树，枝干挺拔，结实有劲

老树，主干粗短，苍劲有力，树纹粗，盘根错节

枝干分权的规律和形态

1

2

3

枝干的分权越分越细，相互穿插。在画面上树枝除了左右出权外，还须有前后的出权。

图1枝干分权处曲线连续，无急剧转折，整个形态轻盈洒脱。

图2、3分权处急剧转折，刚劲有力，两结节之间只有单向弯曲。

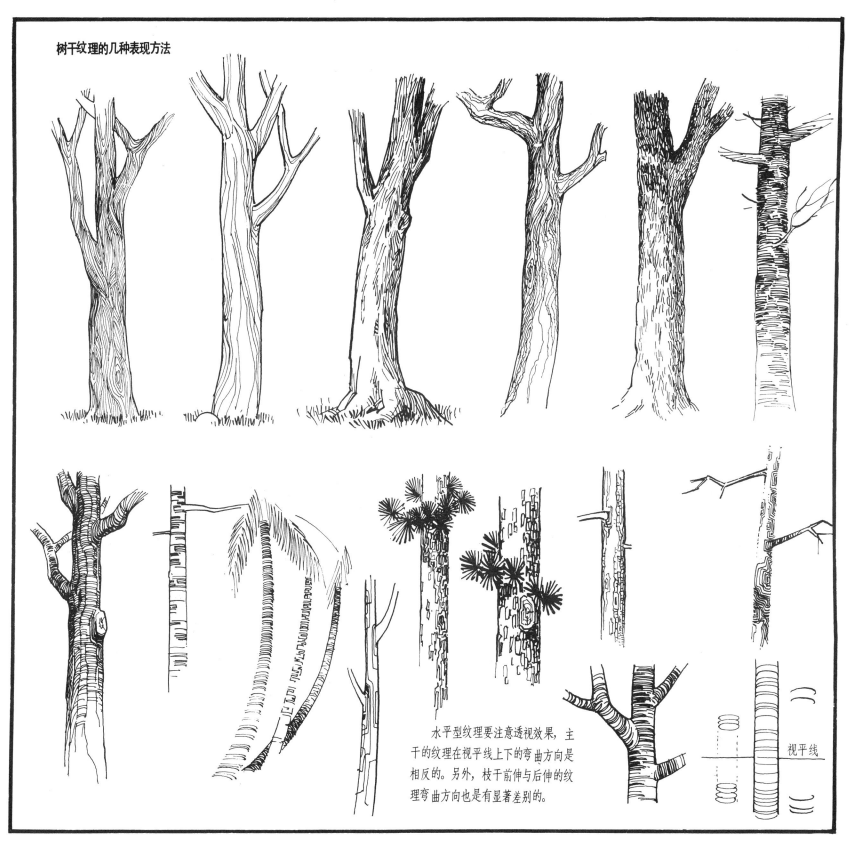

树干纹理的几种表现方法

水平型纹理要注意透视效果，主干的纹理在视平线上下的弯曲方向是相反的。另外，枝干前伸与后伸的纹理弯曲方向也是有显著差别的。

视平线

5

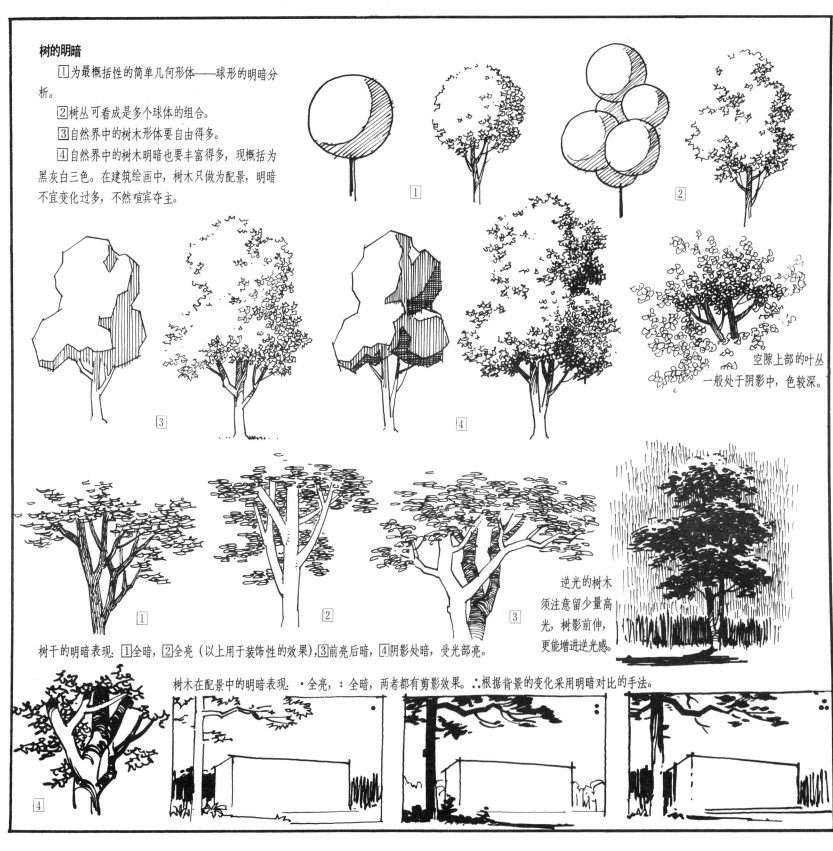

树的明暗

①为最概括性的简单几何形体——球形的明暗分析。

②树丛可看成是多个球体的组合。

③自然界中的树木形体要自由得多。

④自然界中的树木明暗也要丰富得多，现概括为黑灰白三色。在建筑绘画中，树木只做为配景，明暗不宜变化过多，不然喧宾夺主。

①

②

③

④

空隙上部的叶丛一般处于阴影中，色较深。

①

②

③

逆光的树木须注意留少量高光，树影前伸，更能增进逆光感。

树干的明暗表现：①全暗，②全亮（以上用于装饰性的效果），③前亮后暗，④阴影处暗，受光部亮。

④

树木在配景中的明暗表现：·全亮，∶全暗，两者都有剪影效果。∴根据背景的变化采用明暗对比的手法。

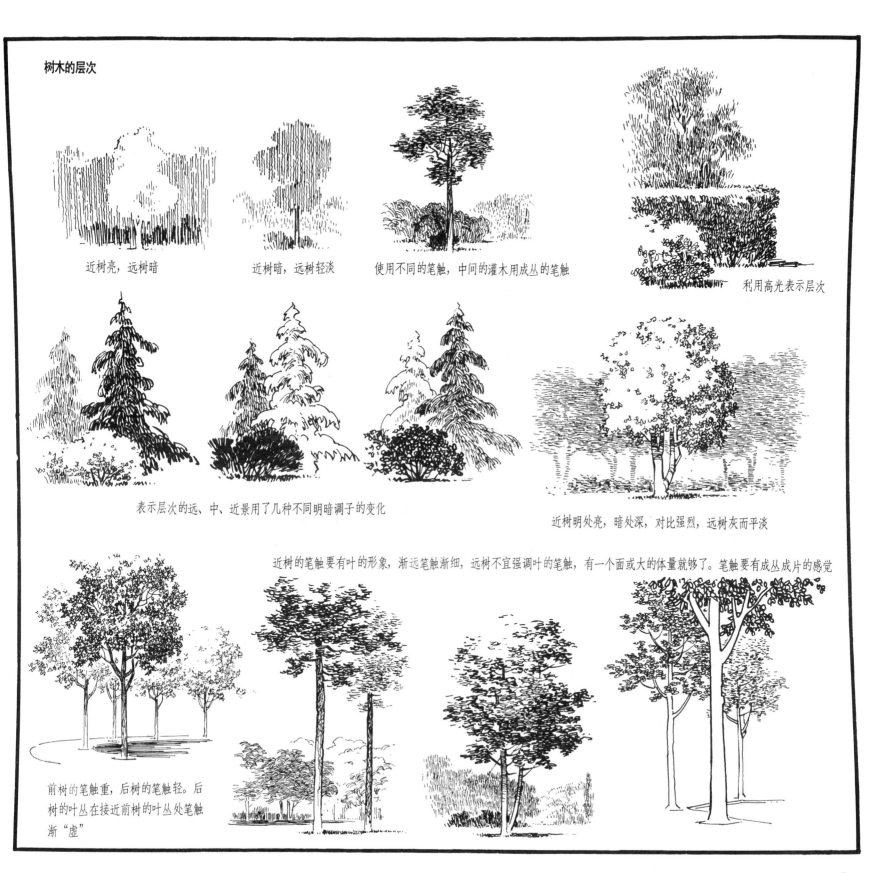

树木的层次

近树亮，远树暗

近树暗，远树轻淡

使用不同的笔触，中间的灌木用成丛的笔触

利用高光表示层次

表示层次的远、中、近景用了几种不同明暗调子的变化

近树明处亮，暗处深，对比强烈，远树灰而平淡

近树的笔触要有叶的形象，渐远笔触渐细，远树不宜强调叶的笔触，有一个面或大的体量就够了。笔触要有成丛成片的感觉

前树的笔触重，后树的笔触轻。后树的叶丛在接近前树的叶丛处笔触渐"虚"

画树的常见病例

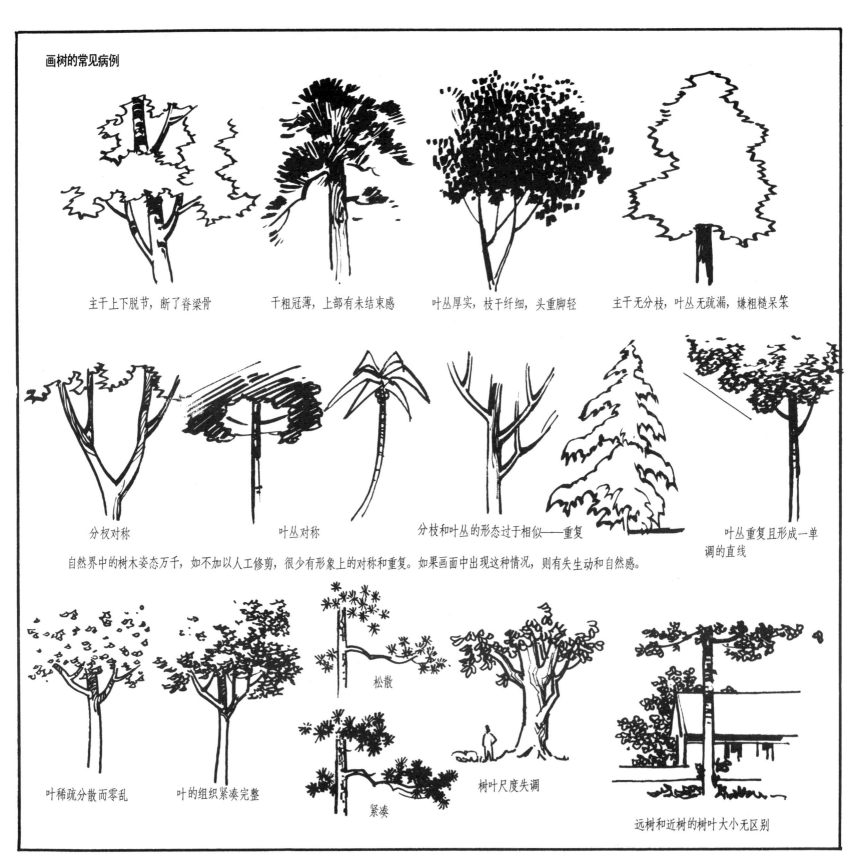

主干上下脱节，断了脊梁骨   干粗冠薄，上部有未结束感   叶丛厚实，枝干纤细，头重脚轻   主干无分枝，叶丛无疏漏，嫌粗糙呆笨

分权对称   叶丛对称   分枝和叶丛的形态过于相似——重复   叶丛重复且形成一单调的直线

自然界中的树木姿态万千，如不加以人工修剪，很少有形象上的对称和重复。如果画面中出现这种情况，则有失生动和自然感。

叶稀疏分散而零乱   叶的组织紧凑完整   松散   紧凑   树叶尺度失调   远树和近树的树叶大小无区别

叶丛的表现

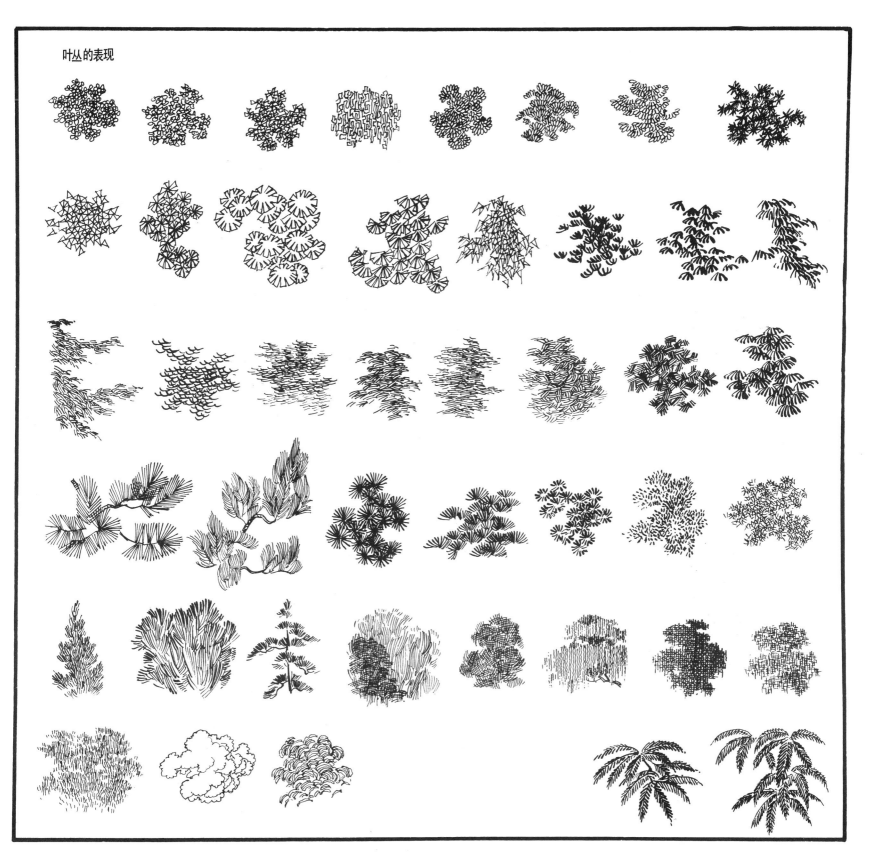

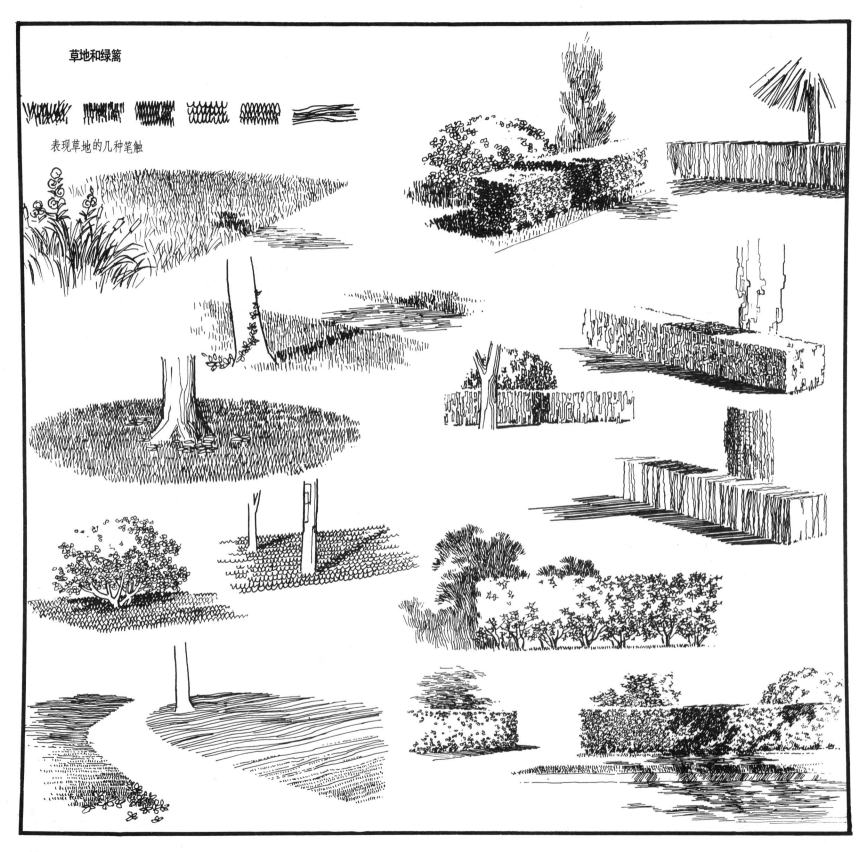

草地和绿篱

表现草地的几种笔触

树的平面

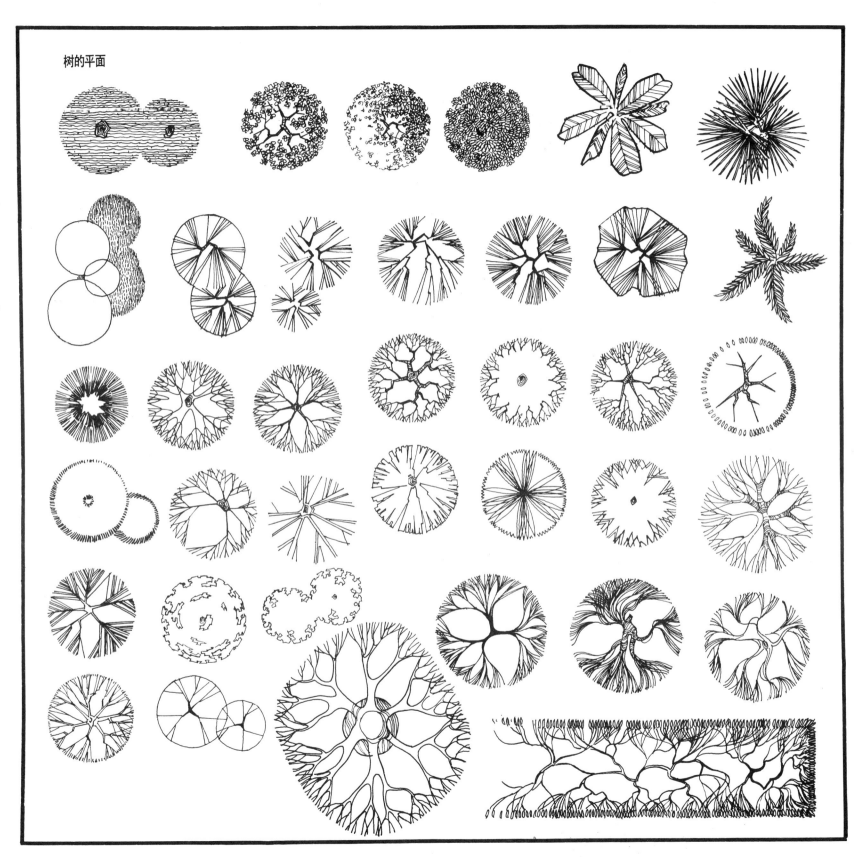

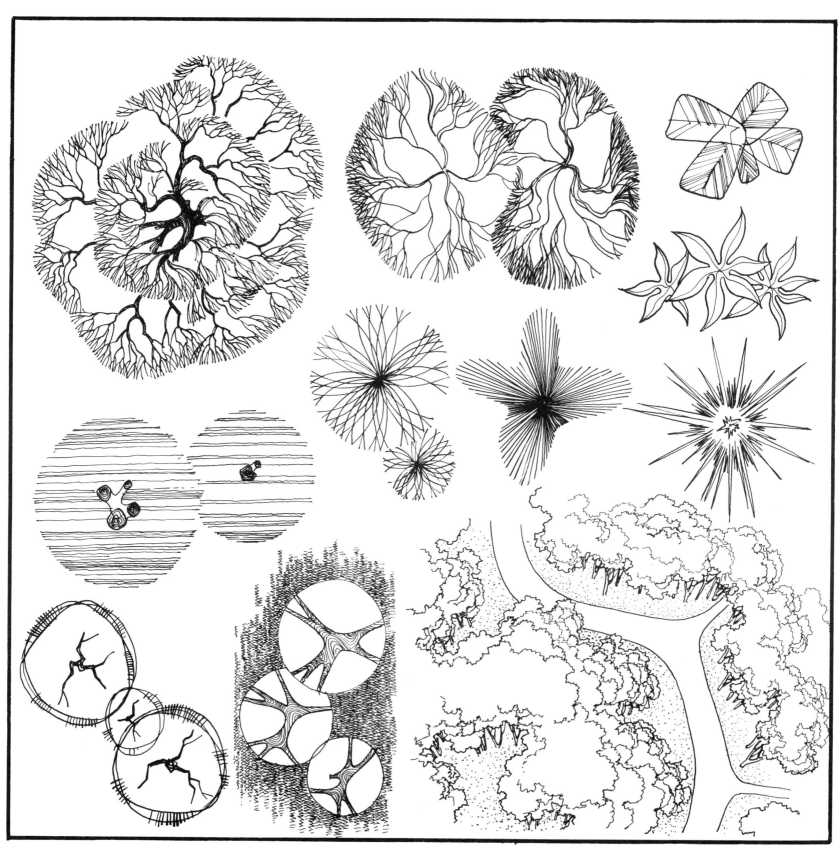

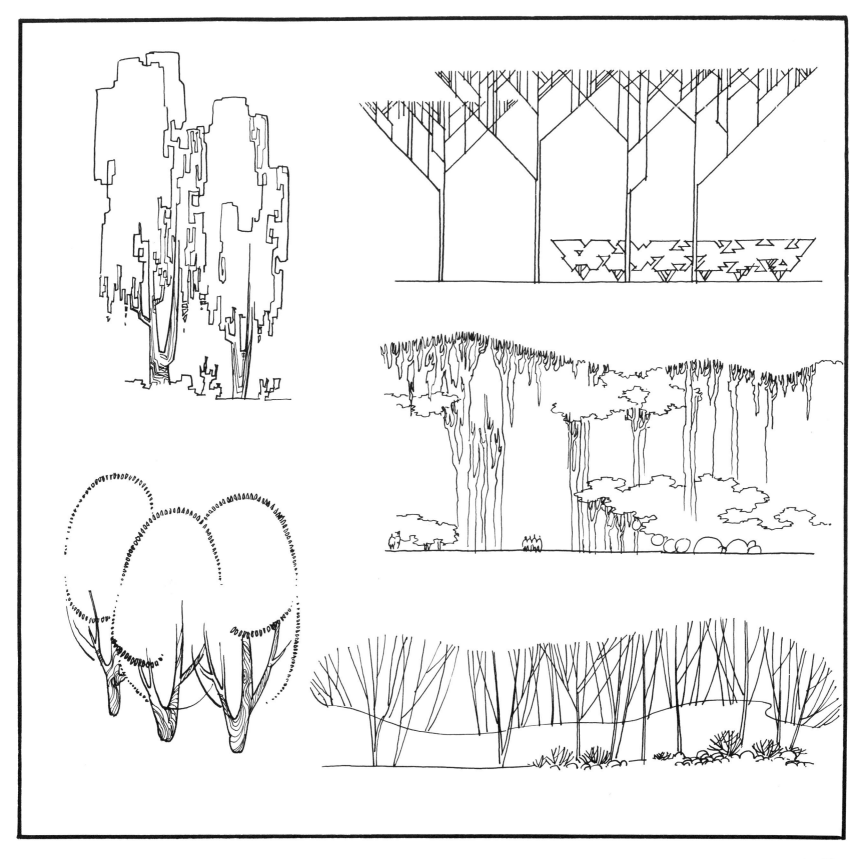

14

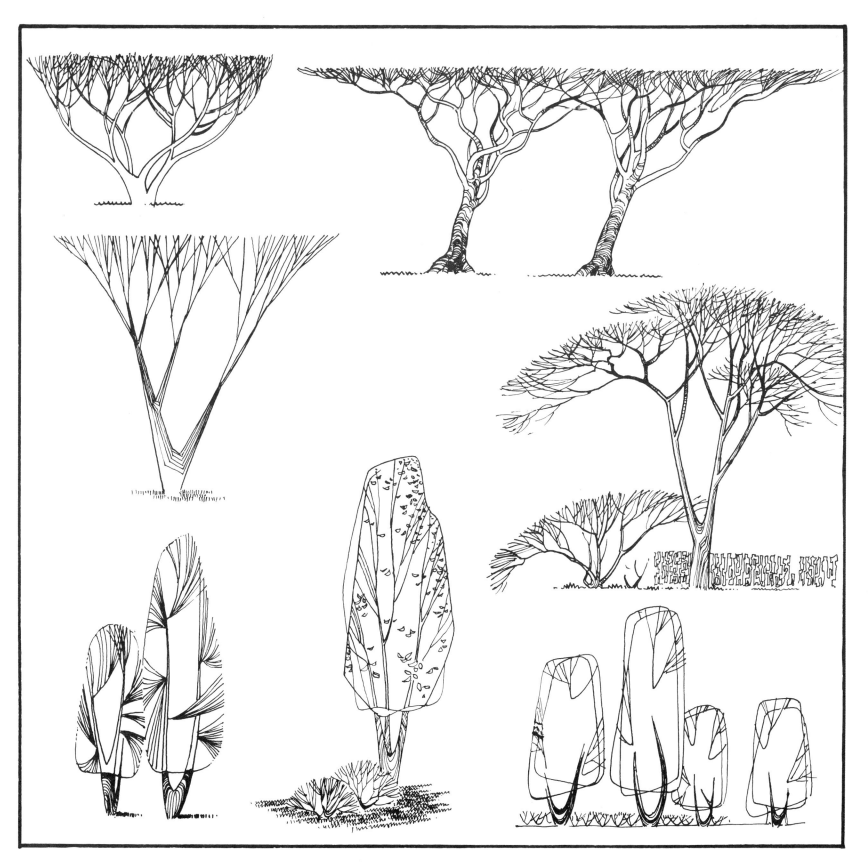

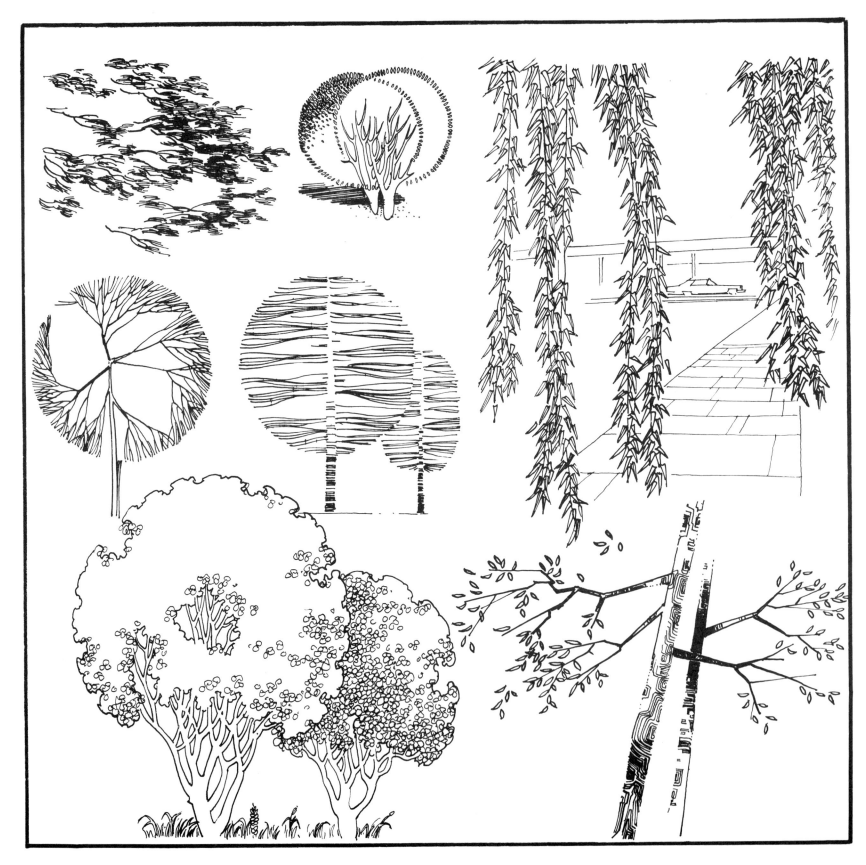

18

28

34

36

37

43

44

51

（二）人 物

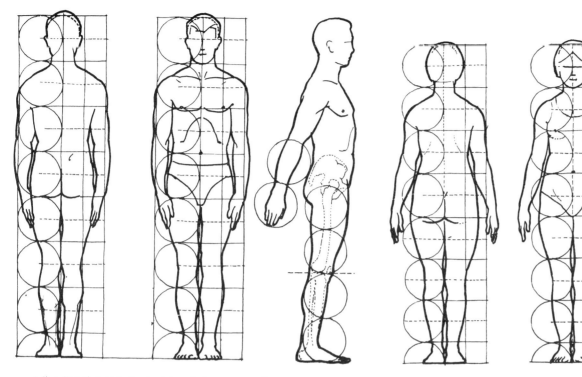

人体各部分的比例关系一般以头长为单位，我国大多数人的高度是 7～7.5 头长。人体各部分与头长的比例见上列各图。

右图及下列各图为常见的基本动作图：人在稍息时重心落在一只腿上。这只支承重量的腿的各部分的位置比外伸休息的腿要高，但支承体重的同侧的肩部比另一侧的反而低。人在走动时如果是单腿支撑时，重心也还是在支撑腿上，身子略向前倾，跑步则前倾度更大。不论走与跑，同侧的腿和手前后摆动的方向恰相反。

建筑画上的人物尺度较小，一般只要比例大致正确的一个轮廓就行了。画人物时人头总有偏大的倾向，头大往往有侏儒感，

宁修长一点。

在建筑画中画人物可达到如下目的：一、贴近建筑画人可显示建筑物的尺度。二、可增加画面一定的气氛和生活气息。三、通过人物的动态可使重点更为突出。四、远近各点适当地配置人物可增进空间感。建筑画上的人一般宜用走路、坐、站等较安静稳重的姿态。人物的动向应该有向心的"聚"的效果，不宜过分散与动向混乱。建筑画上的人较小，用色不妨鲜艳一点，可增加画面的生动感。近景中的人物可能较大，不一定画全，不宜画得须眉毕露，应简略概括一点，有时只有剪影效果就行了。

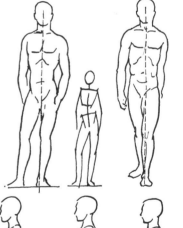

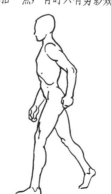

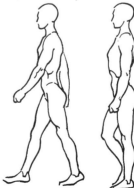
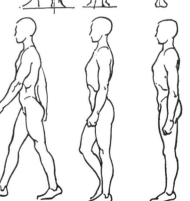

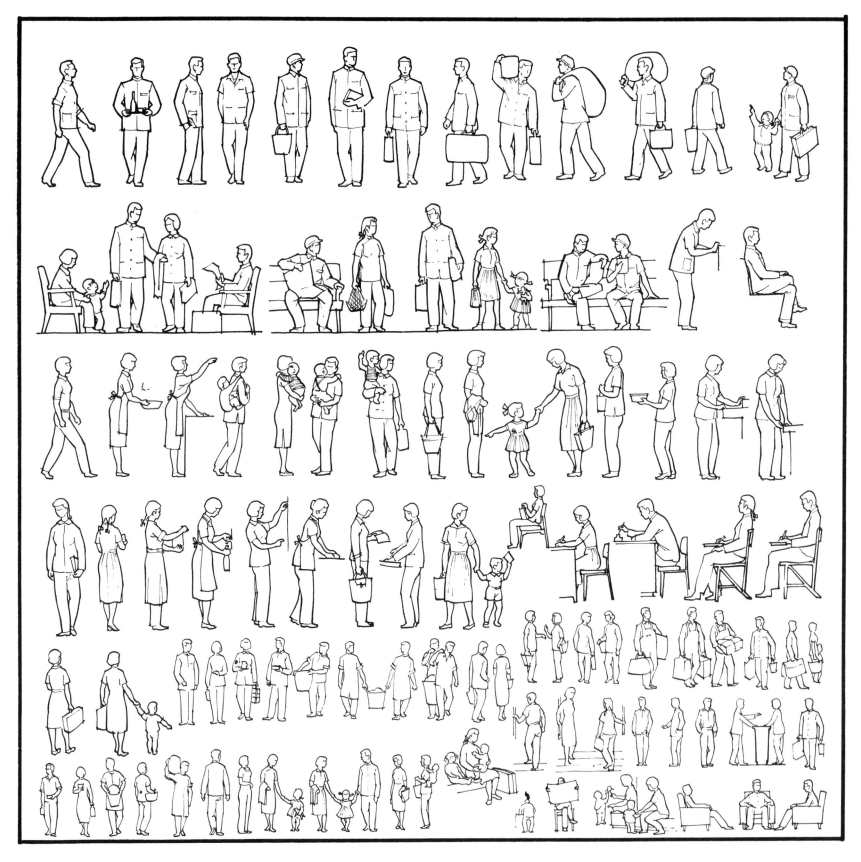

57

58

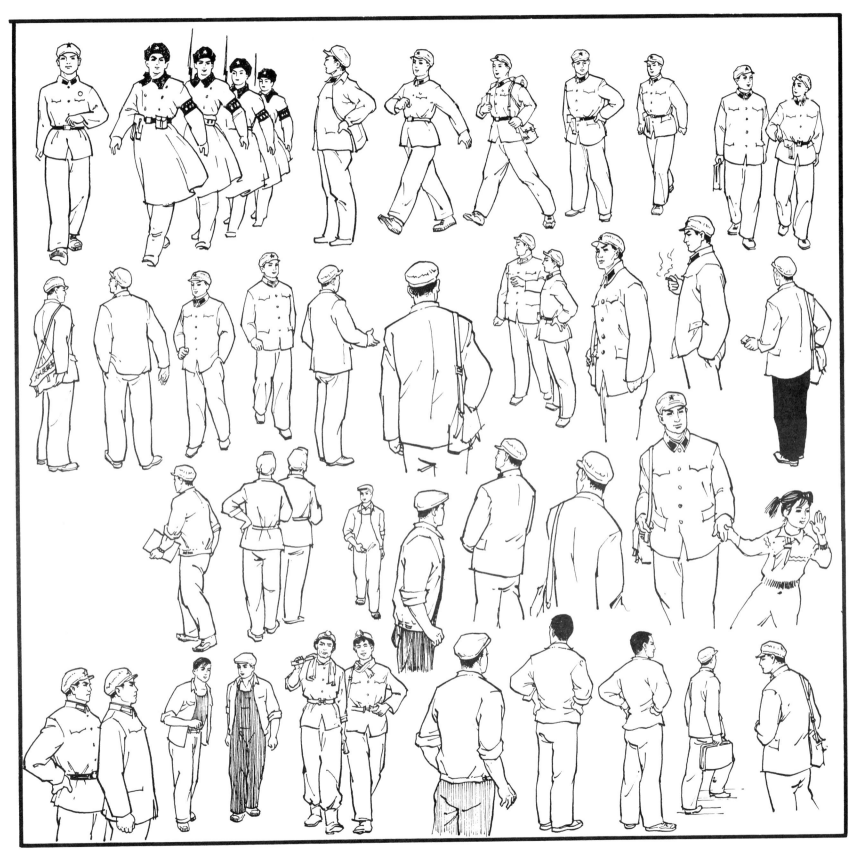

59

60

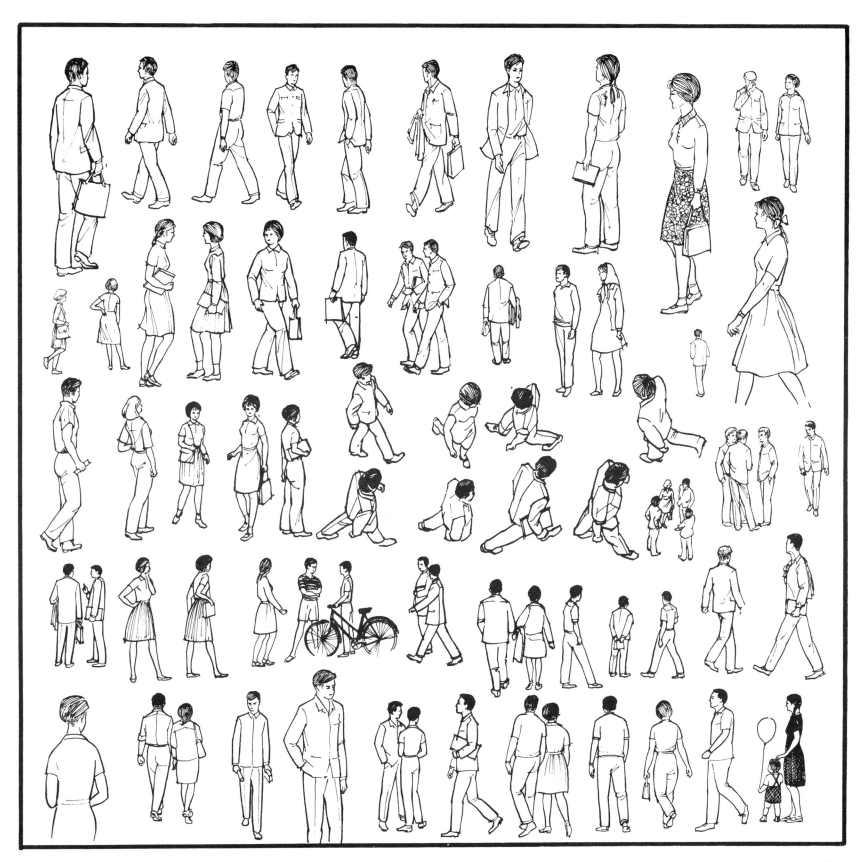

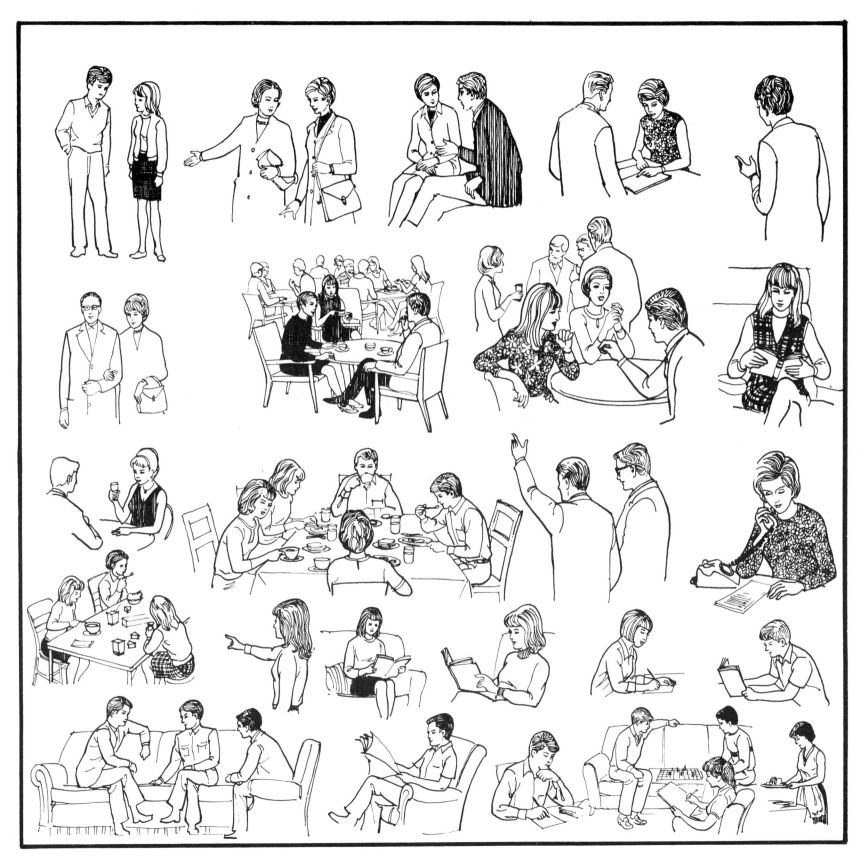

（三）车 辆

小轿车

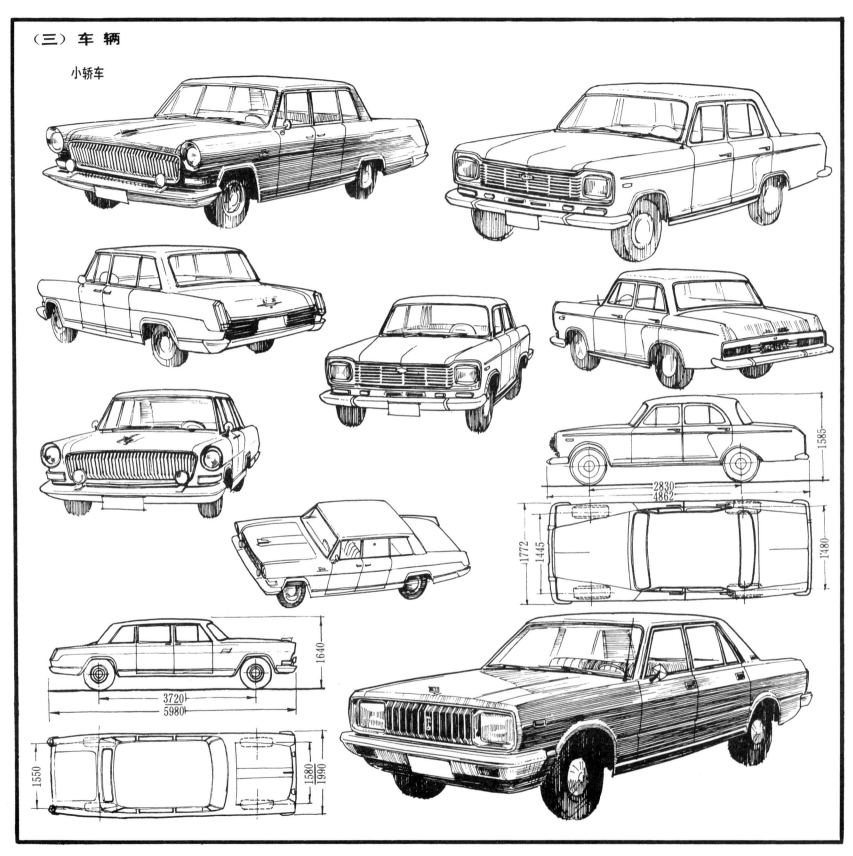

车轴线

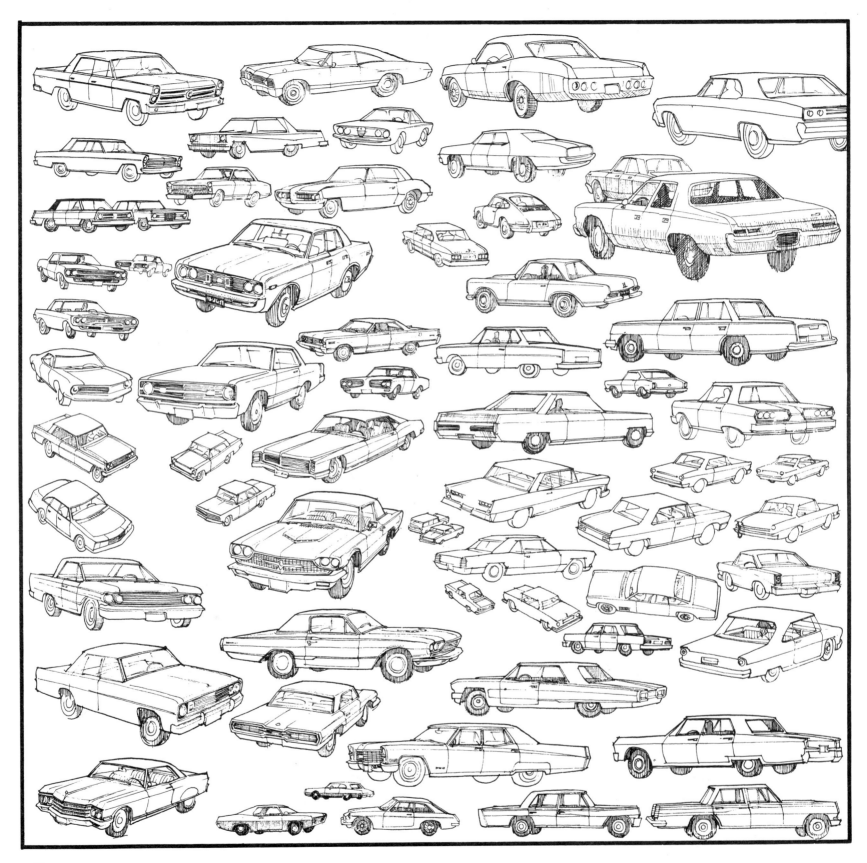

78

客车

小客车

长 5100
宽 1900
高 2050

上海牌大客车

长 8950
宽 2450
高 3030

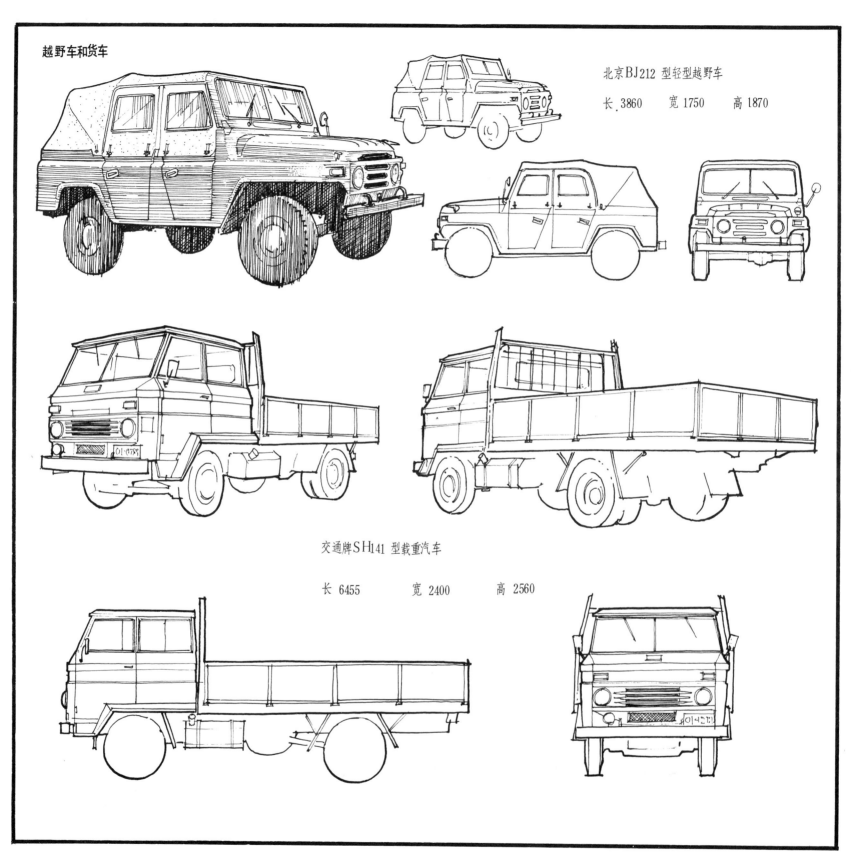

越野车和货车

北京BJ212 型轻型越野车

长 3860　　宽 1750　　高 1870

交通牌SH141 型载重汽车

长 6455　　　宽 2400　　　高 2560

82

（四）船 舶

85

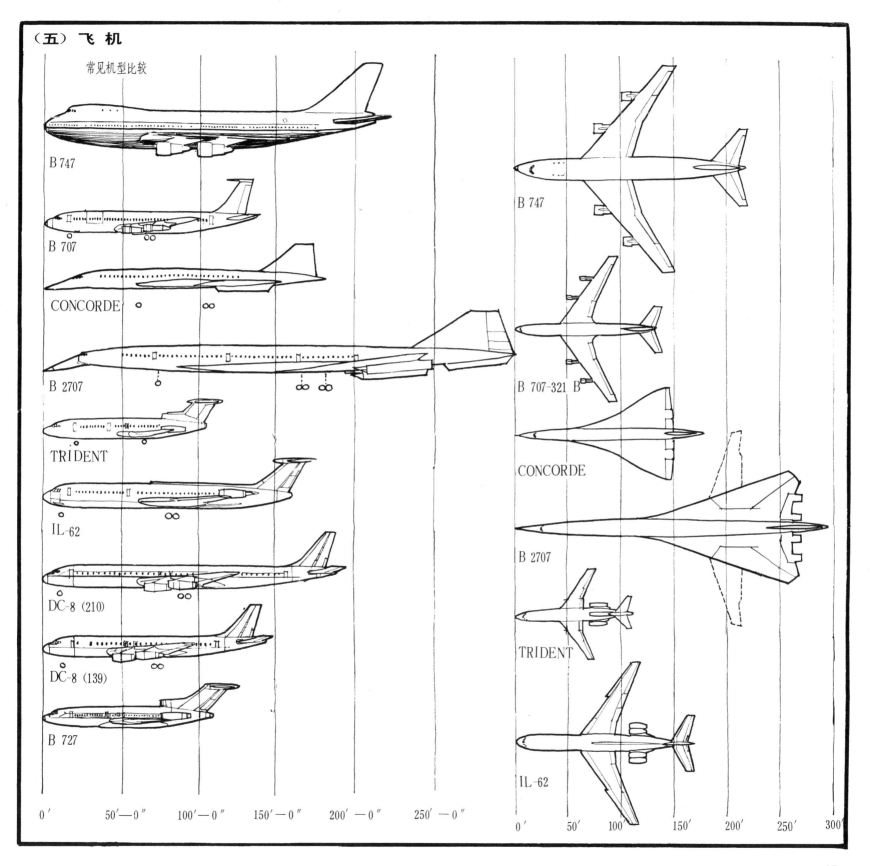

（五）飞 机

常见机型比较

B 747

B 707

CONCORDE

B 2707

TRIDENT

IL-62

DC-8 (210)

DC-8 (139)

B 727

B 747

B 707-321 B

CONCORDE

B 2707

TRIDENT

IL-62

0′　　50′—0″　　100′—0″　　150′—0″　　200′—0″　　250′—0″

0′　50′　100′　150′　200′　250′　300′

DC-8

B 747

DC-10

波音707

波音747

协和及图144

图144

二、怎样画好透视图

怎样画好透视图——如何选择视点, 画面的位置及角度, 透视类型, 以及如何定配景的大小尺度。

一、视点的选择

1.视点过偏或视距过近, 则视角增大, 易产生失真现象。

正常视角 (视圆锥的顶角) 一般是以视中线 (视点到画面的垂线) 为对称轴的60°以内的角度, 过此角度透视图产生失真现象。

S₁ 的视距过近, 在透视的高度和宽度上都超过正常视角, 矩形平面的高体积在透视图上形成锐角, 圆顶盖似乎歪斜。

S₂ 的视角正常, 无失真现象。

P.P

平面

S₁透视图

S₂透视图

怎样找出设立视点的理想范围?

按照视角不大于60°并以视中线为对称轴 (即视中线任意一侧的夹角不大于30°) 的原则, 将60°三角板底边平行于画面, 斜边向着中心并靠住建筑平面左右的两个最边角点, 作两斜线 (与画面线成60°角) a A 及 b B 并交于 P 点。∠aPb 为60°。在∠aPb、∠aPB 和∠bPA 范围内, 建筑物都越出60°的正常视角, 产生失真现象。只有∠APB 范围内的任意点所见到的建筑物都在正常视角之内, 透视图不会失真。

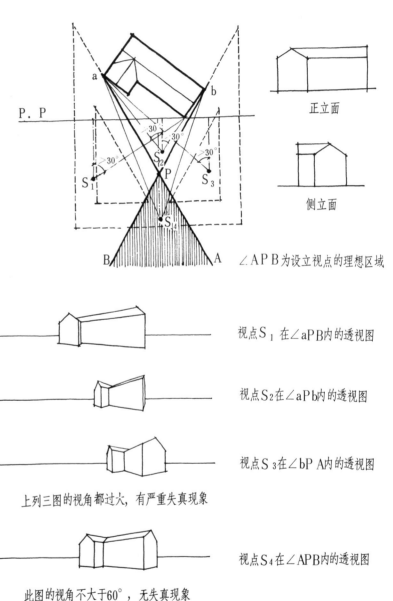

P.P

正立面

侧立面

∠APB为设立视点的理想区域

视点S₁在∠aPB内的透视图

视点S₂在∠aPb内的透视图

视点S₃在∠bPA内的透视图

上列三图的视角都过大, 有严重失真现象

视点S₄在∠APB内的透视图

此图的视角不大于60°, 无失真现象

94

2.视距远近与透视图形大小及透视现象的关系。

　　一般概念是视点距建筑物愈近，所见建筑物形象愈大，反之愈小。这只是就视点与画面的关系不变而言。

　　如果建筑物与画面的关系不变，所得效果恰好相反，视距愈近则透视图形愈小，透视现象加剧而逐渐产生畸变。反之，视距愈远则透视图形愈大（无限远处则成立面图），透视现象愈平缓。

　　因此，值得注意的是，同一个平面，视距远反而能画出大的透视图。

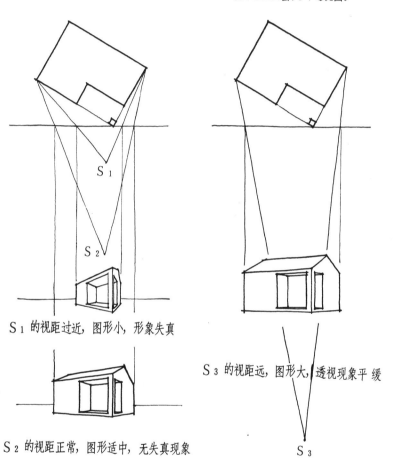

S₁ 的视距过近，图形小，形象失真

S₂ 的视距正常，图形适中，无失真现象

S₃ 的视距远，图形大，透视现象平缓

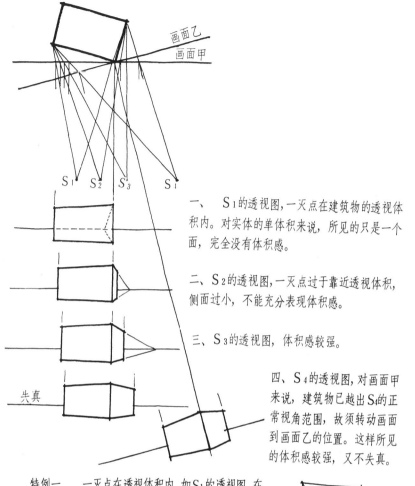

一、S₁的透视图，一灭点在建筑物的透视体积内。对实体的单体积来说，所见的只是一个面，完全没有体积感。

二、S₂的透视图，一灭点过于靠近透视体积，侧面过小，不能充分表现体积感。

三、S₃的透视图，体积感较强。

四、S₄的透视图，对画面甲来说，建筑物已越出S₄的正常视角范围，故须转动画面到画面乙的位置。这样所见的体积感较强，又不失真。

特例一　一灭点在透视体积内，如S₁的透视图，在两种情况下反而有利于表现空间感：（1）室内空间，见下图。

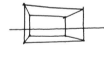

3.视点位置的选择应保证透视图有一定的体积感。

　　视点位置的选择应保证至少看到一个体积的两个面。如果建筑物与画面的关系不变，可将视点左右移动来获得体积感。右上图S₁只有一个面，S₃的体积感较强，S₂次之。用S₁，S₂，S₃，建筑物均在正常视角范围内。如果用S₄，对画面甲来说建筑物已超出正常视角范围，形象失真，故须转动画面到画面乙的位置。一般也可使视点与画面的关系不变，而转动建筑平面。

（2）空透的建筑物。下图为革命历史博物馆的门廊，一灭点即在廊内。

特例二　如对象为非单体积建筑，或有明显的凸出物者，选用S_2的位置（一灭点接近透视体积），有时更能增进透视图的立体感。

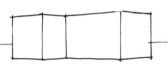

右图两灭点都在远处，透视现象平缓，缺乏立体感。

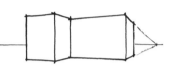

右图一灭点很近，透视现象较显著，立体感较强。

4.视高的选择

在室外透视中，通常按一般人的眼睛到地面的高度来作视高，约1.6米左右。这样的透视图真实感较强。如果对象为平房，观察者站立的视高容易形成视平线水平等分建筑体积的印象，而致使透视轮廓呆板，因此宜升高或降低视平线。

如欲使建筑具有雄伟感，宜降低视平线。

视平线平分建筑物，上檐与墙脚线角度上下对称，稍嫌呆板。

降低或升高视平线即有所改进。

有时为了表现特殊地形，如山坡上的建筑，也宜降低视平线。

视高升高（即鸟瞰图）有利于表现三度空间，建筑物与环境（道路、绿化、院落、广场、河流等）以及建筑群之间的关系一目了然。

5.视点的选择应考虑它的可能性，应在人们能去并能观赏建筑而不受遮挡的地方。

下图建筑物所面临的空地并不宽广，街对面又有建筑物挡住，在对象的正前方选视点没有伸展余地，视角也过大，因此观赏建筑全景应在比较偏斜的方向。

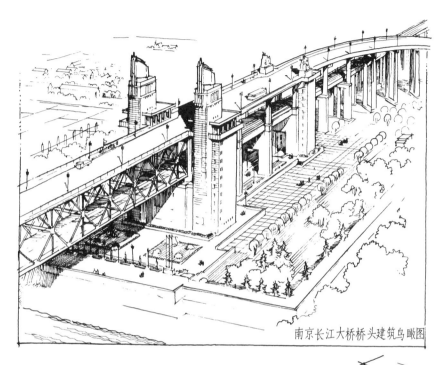

南京长江大桥桥头建筑鸟瞰图

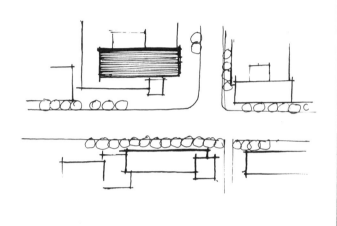

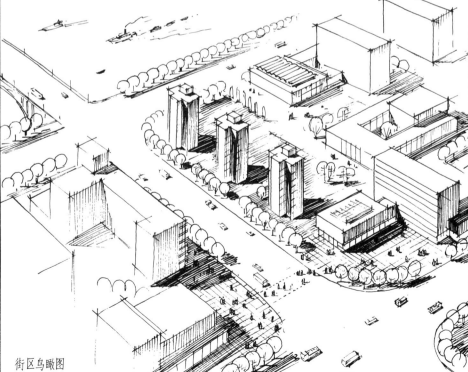

街区鸟瞰图

此图的视点位置不合理，街对面为其它建筑物所阻，找不到透视角度如此平缓的视点。

经常能看到的是这种角度的透视图。

二、画面位置和角度的选择

1.平行地移动画面,可得任意大小的透视图,而其形象不变

如视点与建筑物的关系不变,画面前后移动,可得任意大小的透视图,其形象和比例关系不变。为作图方便,一般总是使画面与建筑平面的一个角点接触,由此推求透视高度。

此法适用于以小平面求大透视图。

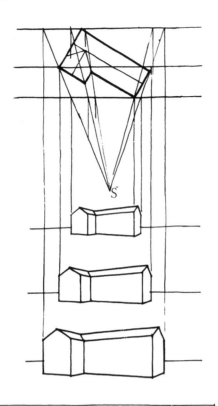

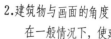

2.建筑物与画面的角度

在一般情况下,使建筑物主要面与画面的夹角较小,透视现象平缓,有利于得出建筑物实际的尺寸概念,且使建筑体积的主次面分明。

如建筑体积的两个面与画面的夹角大小接近,则透视轮廓线两个方向的斜度一致,对接近于方形平面的建筑来说,透视图特别显其呆板。

①、②为常用的透视角度,主次面分明,主要面规模大小的实际概念较明确。

③忌用,体积的两个面与画面的夹角相等,透视图上两个方向的轮廓线斜度一致,主次面不明确。

④、⑤适用了突出画面深远的空间感,或表现建筑物的雄伟感,主要面与画面的夹角较大,使其有急剧的透视现象。在画面布局上,主要面的前部必须留有足够的地方,使空间可以向远处引伸。如须表现建筑物的雄伟感,透视现象平缓的近处的次要面可尽量少入画面。此种角度也很适合于表现建筑群,如街景(上页右下图)。

⇨ ④、⑤类型的两透视图,主要面的透视现象较强烈,画面的空间感较深远。人民大会堂的透视用此种角度更显其雄伟。

画面

三、合理选用透视类型

一点透视

适用于横向场面宽广、能显示纵向深度的建筑物或建筑群体或室内空间。为避免画面的呆板，视中心点不宜布置在画幅的正中。一点透视的另一特点是能表现主要立面正确的比例关系。

右图为南京机场候机厅，横宽较大，室内空间延伸到室外停机坪及远山碧空中去。

二点透视

即成角透视，为常用的透视类型，效果较真实自然，图略。

三点透视

三度空间表现力很强，适用于表现高层建筑，对鸟瞰图尤其适合。右下图为广州宾馆，竖向高度感较突出。

一点透视——南京机场候机厅

一点透视——南京长江大桥公路面鸟瞰图

三点透视——广州宾馆

四、如何定透视图中配景的大小尺度

在透视图中常见的毛病是建筑物前的配景（人物、车辆、灯杆等）的尺度大小掌握不好。一般总容易偏矮偏小。其原因，一是没有掌握或忽视建筑形体以外物体的透视方法；二是耽心画大了会影响建筑物的尺度感或喧宾夺主。下面的两图为同一建筑，透视角度与视高都相同，视高比人略高。但上面的一图，建筑物前的人物车辆有如鸟瞰图，汽车近乎玩具型，画面效果是过分夸大了建筑物的尺度，使建筑物与环境格格不入，建筑物前的广场地坪也似乎向前向下倾斜。下面的一图利用了右图的方法加以矫正，使人感到画面比较真实、亲切和自然。虽然前景中的人物车辆较大，但由近及远的循序渐进的安排，使广场空间感到深远，

选用尺度明确的建筑物的一角或细部为量高线，如右图在墙角处量出人高（或其他物体的高度）AB，再在视平线上定任意点P，作AP及BP。如在前景中地面上的 a 点画人时，先过 a 点作水平线与AP线相交，在相交点作垂线与BP相交，再过此交点作水平线与 a 点的垂线相交即得 b 点，a b 即为 a 点人的透视高度。

并没有因此而影响建筑物尺度感的缩小。如果近景比较高大，在画面位置上则不宜居中，且表现也不宜变化过多，形象也不必求完整。

三、建筑表现的基本技法

（一）构　图

（二）光　影

（三）质　感

（一）构 图

画面的长宽比

画面的长宽比要适应建筑物的体型和形象特征。

建筑物高耸的多用立幅。
建筑物扁平的多用横幅。

如建筑物需要表现细部或放大某一局部，则不一定表现全貌。右图的画面构图仍然是完整的。

建筑物过小则显得画面空旷，建筑物也显得渺小。

如需要表现环境空间的开阔、深远和丰富时，建筑物可小一点，但需要有适当的配景的陪衬。

建筑物在画面中的大小及位置

建筑物四周要适当地留空，务求画面舒展开朗。

如建筑物充塞于画面，则显得闭塞、拥挤和压抑。

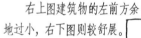

建筑物主要面的前方要留有空余，要避免产生建筑物顶边和碰壁。

右上图建筑物的左前方余地过小，右下图则较舒展。

大桥桥头建筑有明显的方向性和前进的动感，右图在"前进"的方向没有余地，较闭塞，且画面的重心偏右，不稳。

"前景"较宽广

一般视点的透视，总是天空留空多，地面留空少。

例外：（1）鸟瞰图，视点离地面高时，无天空。（2）地势高的建筑，要加强地形地势的表现。下左图中山陵中山纪念堂位于山腰，故有大台阶

及山坡的表现。（3）建筑物前的地面有较丰富的内容，如反影水池、花坛等，且建筑物无需表现整体时。下图为民族文化宫的入口，广场上的反影水池，起丰富空间表现力的作用，故地面多于天空。

画面构图中要避免等分现象

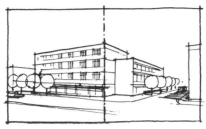

建筑物的转角线在画面的竖等分线上。

画面上部的"虚"和下部的"实"各占一半，分界线又过于平直。

建筑物中间体量是画面的1/3，两侧墙面与两端的留空部分又相等。

建筑物刚巧落在横向的二等分线上，画面有上下脱节之感。

中部建筑物及主要配景部分与天空、地面各占三分之一。

塔楼的墙面和屋顶的转角线都连成一条直线，且又在等分画面的中线上，塔楼的两个透视面又相等。

下图构图有所改善，塔楼偏于一侧，塔楼的两个面主次分明，塔楼前部有开阔的空间。

避免重复性

画面中形象的重复,或不同形体的轮廓线的平行重复易产生单调呆板甚至不稳定的感觉,因此应避免各形体在形象上的雷同或轮廓线上的重复平行。

右上图的树形、云纹和建筑轮廓线都相平行重复,造成画面上向左侧流动的不稳定感。树轮廓线宜参差不齐,打破呆板的直线。流云宜改变方向。

云形与建筑物的轮廓相重复。

突出水平型叶丛的树木与水平型的建筑相重复。

建筑物与树木在形体上过于相似。

竖向的树木与水平型的建筑物形成对比,较生动。

打破重复后反突出主题——建筑物。

这样的处理也能打破重复。

稳定感

画面中的稳定感一方面要取决于画面构图的均衡，一方面要制住线与形逸出图外的流动感。

聚向消失点的透视线具有流动感。右图所示，使人们的视线沿着若干强烈的透视消失线向消失方向逸出画面外。一般办法是在这一端用邻近的建筑局部，或树木、灯杆等物"顶"住，使画面聚而不散。下图即有所改善。

如另一透视面的消失线有一定的"份量"，两种方向相反的流动感相抵消也可取得稳定感。

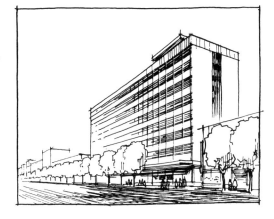

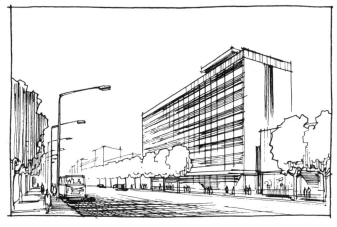

避免不同距离的形体在画面上相切

不同距离的形体相切，使人看不出两者的先后层次，且两者又产生各自独立的竞争性，易使画面各形体间失去相互融汇、相互依存的整体性。

下图的树木（包括灌木和绿篱）都与房屋相切，不起配衬建筑物的作用，每一个形体都成一独立的单元。另外，左端的树木与大门墩边线重叠，砖柱的棱角线与人物重叠也都是不恰当的。

避免通长直线分割画面

左图近景中的树杆割断了画面，屋脊与远树的轮廓线基本上组成了一条横分画面的直线。右图两方面都有所改善。

均衡

最简单的均衡为对称的均衡，均衡中心就在对称轴上。对称的均衡容易产生安定稳重和庄严肃穆的印象，但一般偏于呆板。因此，在对象和画面均为对称的构图中，往往利用流动多变的人群、车辆、云彩、丰富多姿的树木和光影的变化等等以取得画面的生动活泼。

不对称的均衡相似于力学上的杠杆原理，其"支点"即均衡中心，基本上也在画面中心。"份量感"大的物体在布局上靠近均衡中心，"份量感"小的物体则离均衡中心较远。二者轻重虽不等，但因位置远近的大同而取得均衡。所谓"份量感"是指形、明暗、色彩、虚实等方面的份量。一般说来，建筑绘画中建筑的份量总是最重的，人与车也是重的，树木次之，云烟水最轻。黑白灰的色块中以黑色为重，色彩中基本上以暖色为重。因此，均衡有下列几种情况：（1）形体上的均衡。一个小的丰富多姿的形体可以与大的平淡简朴的形体相均衡；（2）明暗色调上的均衡。在淡调子的画面上，一小块深色可以和一大片灰色相均衡；在深调子的画面上，一点亮光可以和一大片深色相均衡；在带有一种统一色调的画面上，一小块对比色可以和一大块主调色块相均衡；"万绿丛中一点红"，一点红可以与一片绿相均衡；一小块明暗对比强烈的东西可以和一大块明暗含混淡漠的东西相均衡。（3）虚实上的均衡。一小块明确结实的东西可以与一大块虚浮的东西相均衡。（4）动态上的均衡。有强烈动态的小物体可以与静止呆滞的庞大物体相均衡。

传达室上图左轻右重，构图不均衡。

传达室下图在左边配以树木、汽车和树木在地上的阴影，均衡效果较好。

入口偏于左侧，明暗强烈，加上左端的近树大而色重，整个构图左重右轻。

左端的树木处理稍虚，右侧配以色较深的中景树木，构图就有了均衡。

右图建筑物左重右轻，所以在较轻的右侧配以近树来获得均衡。

左下图，左边建筑物体量虽大，但处理较"虚"，不强调细部，明暗变化也平淡。右侧稍远的建筑体量较小，但明暗强烈，细部鲜明，且有深背景的衬托，所以有均衡效果。另外，左侧的建筑物因透视效果有"向心力"，也起呼应右侧建筑和从属的作用。

　　右图，右侧的建筑层数虽高，体量虽大，但表现较平淡。左侧的小建筑体量小，但因形体的特殊性和明暗对比强烈，构图仍是均衡的。

　　右下图，轮廓丰富而挺拔的调度塔和水平型的候机楼，虽然大小不一，但在形体对比关系上是均衡的。

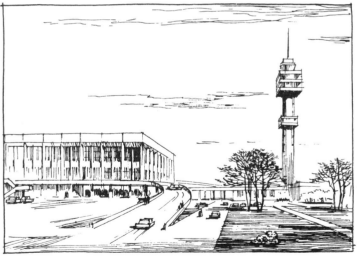

重点

突出重点的意义：

如果一幅题材丰富的画不分宾主，平铺直叙，则不但事倍功半，且又显得杂乱无章。

绘画在形的构图上与照相有相似之处，但它又不同于照相。照相在镜头所及范围内，景物不分主次，不分明暗，不分粗细，尽收镜底。绘画则可以加以提炼，予以取舍，突出重点。如果主次配合得当，则浑然一体，相得益彰，既易取得统一集中的效果，又易做到事半功倍。

重点的选择：

（1）如作为主题的建筑物在画面中所占地位不大时往往以建筑物的体型比例或整体轮廓为重点。

（2）如建筑物在画面中所占面积较大或建筑体量较多，内容较庞杂时，则往往选择某一局部如入口、门廊或建筑物的某一体量，或某一重要标志为重点。

如何突出重点：

（1）重点应在画面中居显要地位，一般置于近画面中心位置。

（2）聚敛线的引向和聚点所在，如右上图，引向建筑物入口的道路，成行的树木等透视灭线的灭点所在，即为重点。

（3）增强明暗效果：

A.加强明暗对比。右中图中，入口处光影中的明暗对比强烈，阴影处加深，受光处留白，深色的树木背景也起对比衬托的作用。右侧非重点处的色调虽整个较深，但明暗的对比关系较弱。

右下图，入口处充分表现质感组成一重调子，阴影特别加重，整个与背景的淡调子形成对比关系，非重点的右侧则轻描淡写，这两图的深浅调子相反，但所产生的效果相同。

B.强度亮度。

上页中图的入口处较明亮，有聚光的效果。

右边的大桥桥头建筑两图中，一是聚光于上部，一是聚光于底部。聚光所在即重点所在。在这种情况下，聚光处也同时加强明暗对比。非重点处则转灰，明暗对比淡薄。

（4）丰富与省略：重点处细致刻划，材料质感和光影变化予以充分表现。远离重点时则逐渐放松省略，由实到虚。

下图入口处的材料质地——木纹、砖纹等以及光影明暗表现较强烈丰富，渐远渐简略。

（5）人物车辆的集中、动态和引向有助于指出重点的所在。一般画人物总是使其涌向入口或刚离开出入口，随着人群的动向把人们的视线引向重点。

（6）用色：重点处可用对比色，非重点处转为多用调和色。

入口门廊为画面重点，整个用深调子，其后的大楼转灰，远处的楼房极为清淡。

作为重点的入口处，人物集中，近处人物的走向也引导视线至入口。

次体对主体的衬托作用

画面有重点必然有非重点，有主体必然有次体。建筑绘画中始终以建筑物为主体,云天、地面、山、水、树木花草、人、车、邻近的建筑等都为次体。次体在形、空间位置、明暗关系上都应该只起从属和衬托主体的作用，切不可喧宾夺主。

右图整个建筑物轮廓鲜明，亮面以灰色的浮云来衬托，深色的阴面则以明亮的天空为背景。亮墙面因窗和阳台阴影的加深而显其为重点。

统一集中

前面已阐述了在建筑物上选择和突出重点的方法。在一幅建筑画中,除了建筑物外往往尚有多种题材,所有这些题材的组织必须不散不乱,必须有有机的联系,相辅相成。这就是统一集中的问题。在这种多元的组合中,我们要注意,建筑物始终是建筑画中的主题,其他都是起陪衬辅助作用的。尽管它们原来可能是丰富多姿、绚丽多彩的,也要退居到配角的地位,在画面上要有适当的减弱。它们应起引导、过渡或呼应的作用,使人们的视线自然地移到建筑物上去。因此,云天的变幻宜柔和清淡,风云突变或云天明暗对比强烈

上图 汽车和近处人物虽为配景,但因过于突出,且离主题——入口——又远,造成多中心,致使画面散乱。

中图 汽车横于入口,"份量"过重,削弱了主题

下图 汽车、人物的"份量"减弱,主题——入口——加强,画面效果较统一集中

的表现是有损于主题的;树木不太强调立体感和复杂的光影变化;人物、车辆只有在体量小的情况或接近重点处可鲜艳一点;邻近的房屋、明暗和色彩可淡薄一点。

层次与空间感

画面是一个平面
要使一幅建筑画引人入
胜， 则需要一个令人
犹如身临其境的空间深
度。

产生层次与空间感
的因素和现象：

除透视本身有三度
空间感外，空气中的尘
埃与水汽直接影响物体
的明暗、色彩与清晰度。
这三方面远近的变化显
示出空间纵深。

以建筑群为例，如
右上图，近处细部明显，
光影明暗强烈，物体呈
固有色，建筑材料的质
地纹理表现清晰。渐远
细部逐渐隐退，光影明
暗渐趋柔和，颜色差异
随之减少，也渐趋调和。
更远处细部消失，只有
大体量的表现，甚至外
轮廓也变得模糊。

右上图为一幅山区风景画,近山山势起伏明显,树丛山石清晰可见,基本上呈固有色。渐远,起伏渐隐晦,树丛连成片,明暗及固有色减弱,渐趋含糊调和。更远处只见山的外形轮廓,山本身的起伏皱折及树木山石完全消失,色调渐趋统一。最远处连成均匀纯净的一片,且接近天色。

右下图为苏州拙政园一景,中间的"香洲"(旱船)为画面的重点所在,明暗较强烈。前面的小石桥在背景暗处留亮,浅处加深,层次清晰。左侧"南轩"的一角,全部处于阴影之中,用色深但却平淡无华,透视效果上有向心的倾向。右下侧的山石在阳光下较明亮,与其背景适成对比。"南轩"一角和山石起"框"和引导视线至画面重心的作用,同时又丰富了画面的层次。

113

层次的组织与处理

层次一般由近景、中景、远景组成，这基本三景的组成就使画面具有一定的空间深度感。

中景

在建筑画中，建筑物往往就是主题，也是重点所在。它占据画面相当大而重要的位置，作画时应着重描绘——明暗强烈，细部、材料纹理及色感清晰，体积感强。

近景

主要的作用是使建筑物后退一个空间深度，同时也起"框"的作用。把视线引导主题。近景可以是树木、花草、建筑物、人物、车辆、从作画者后面的物体投到画面上的影子或云影，近景中的物体往往不是一个完整体，而可能是一局部。

近景本来应该是细部清楚、明暗强烈、色彩鲜艳的，但由于近景往往是陪衬的，从属的，因此不能对主题喧宾夺主，不应强调体积感，明暗的变化宜平淡，只需注意外形轮廓的剪裁。因此近景可以是近似剪影的一片深色，也可以是极为清淡甚至只是留空白的外形轮廓。当然，浅色或留白的近景必须有深色的背景作衬托，利用对比关系显示层次。

远景

有了远景易使人感到画面舒展，空间深远。远景也不宜强调体积感和明暗关系，明处不亮，暗处不深，色彩也不宜鲜艳。

右侧的人民英雄纪念碑局部、地面上的影子和左上角的松枝组成一深色的"框"，使人民大会堂退得较远，同时广场上有由近及远、由大及小的人物，也增加了空间的透视深度。

此图基本上只有中、远景，两景用不同的调子显出层次。

体量向远处延伸时的距离感的表现

伸向远处的细部逐渐简略，明暗关系逐渐淡薄。右图人大会堂的檐口由近及远细部与明暗逐渐模糊，柱廊到远处柱身的轮廓线甚至可以略去。远处建筑物的前面加以深色的中景——树木，使伸向远处的建筑有深远的距离感。

前后建筑的层次处理

远近两建筑在画面上相叠时，远处的建筑在与近处建筑物相邻处可采取退晕的手法，正如中国山水画在远近之间采取"虚"的手法一样。右图的建筑物在与右侧的近处建筑物相邻处渐虚，其间插以色调不同的物体——树木，既衬托了近处的建筑物，又拉开了远近两建筑物之间的距离。

上海体育馆（左上图）用加深的树木及其在地面的落影来取得层次和空间深度。上中图把建筑物前的假山石、树干加深来获得层次。值得注意的是利用前后景明暗的对比关系使树干山石的深浅有变化，画面效果更显其生动。右上图近景虽只有寥寥数笔，但也有层次感。下面两图近景都是亮而简略的，它后面所衬托的是灰色，两者色阶上的差别也足可显出层次。

画面前景中地面留下的影子使得作为中景的建筑物似乎后退若干距离，同时它也起"框"的作用，使观画者的视线到此而折回到画面中心、这些影子可能来自画一侧的树木、建筑物……或者是画上不可见的作画者后面的树木、房屋或高空行云的落影。下面四图中的左上及左下图用雕像和建筑及其在地面的落影组成近景。右上图为作画者后面树木的落影构成近景。右下图右侧的廊影及云影形成近景。这些都有助于增加画面的空间深度。

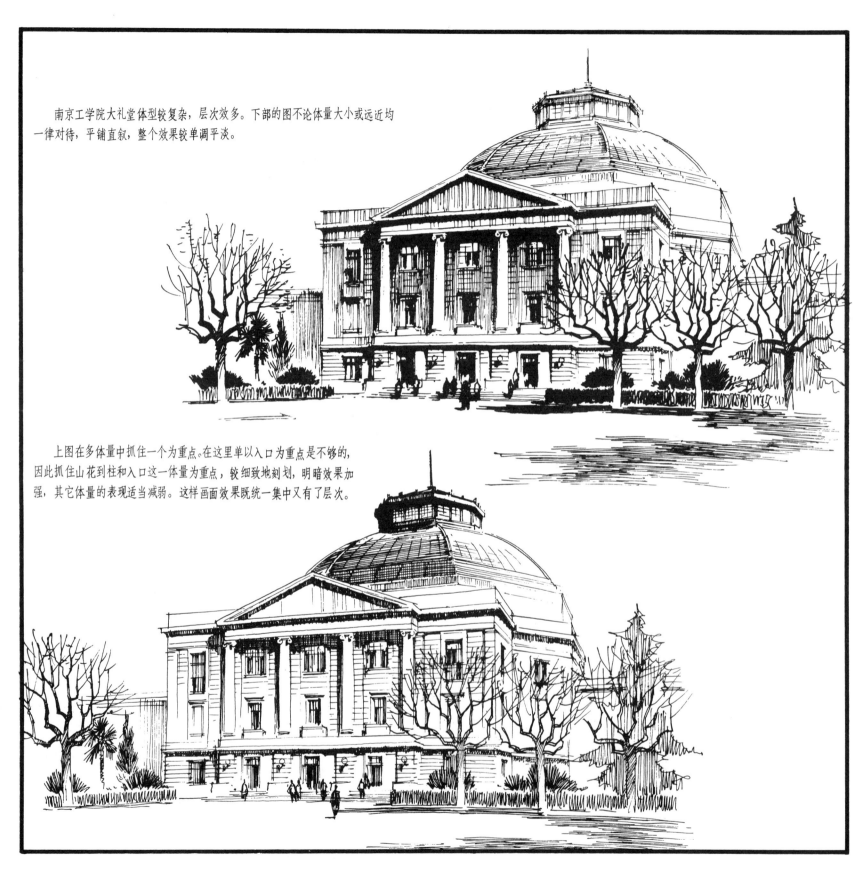

　　南京工学院大礼堂体型较复杂，层次效多。下部的图不论体量大小或远近均
一律对待，平铺直叙，整个效果较单调平淡。

　　上图在多体量中抓住一个为重点。在这里单以入口为重点是不够的，
因此抓住山花到柱和入口这一体量为重点，较细致地刻划，明暗效果加
强，其它体量的表现适当减弱。这样画面效果既统一集中又有了层次。

南京长江大桥桥头堡没有灰色的云天来衬托是显不出其色调明朗的特点的，三面红旗没有明亮的天空为背景也显不出它的沉着稳重。左侧与之相呼应的塔楼局部因大部分为阴面，所以以明亮的天空为背景也是适宜的。

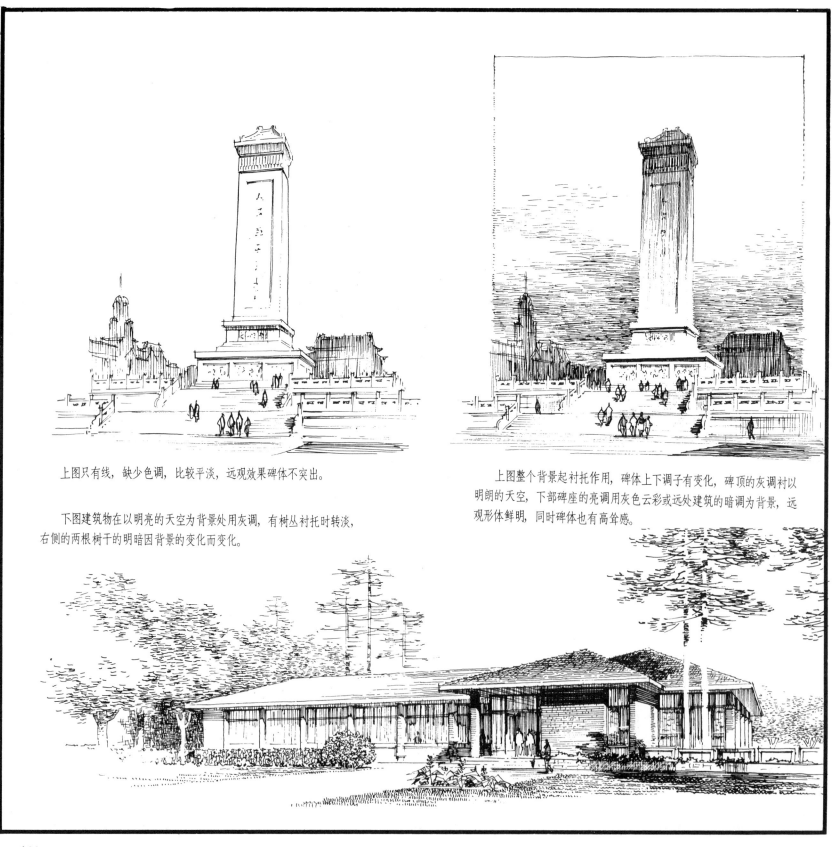

上图只有线，缺少色调，比较平淡，远观效果碑体不突出。

上图整个背景起衬托作用，碑体上下调子有变化，碑顶的灰调衬以明朗的天空，下部碑座的亮调用灰色云彩或远处建筑的暗调为背景，远观形体鲜明，同时碑体也有高耸感。

下图建筑物在以明亮的天空为背景处用灰调，有树丛衬托时转淡，右侧的两根树干的明暗因背景的变化而变化。

这两张图基本上显示了层次、重点、均衡等手法的综合应用。

上图为苏州网师园的一角，建筑物体量较丰富，其中选择了右侧的亭为重点，它的细部较清晰，暗部也较深。它与后面的建筑及树木有较清楚的层次。左侧的建筑群处理较虚，与前景的暗树有明显的层次和距离。左侧前景的树和右侧的亭有呼应也有均衡的关系。

左图为广州中山纪念堂，前后有几个体量，前后体量的层次采取明暗和虚实对比的手法。左侧的深色近树与后面的建筑之间显示出较深远的距离。右侧的雕像与左侧的暗树相均衡。

（二）光　影

有了光就产生明暗，产生阴影。在画面上有了明暗光影的变化，可产生立体感和空间感，使对象的体形及其所在的空间位置一目了然。

此图的物体在立面上都是一个圆，无光影时无从区别它的性质。一有了光影即显示出它本身是什么形体以及它与承影面的空间关系。

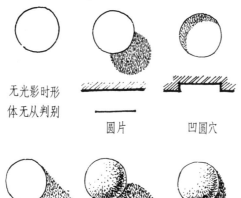

无光影时形体无从判别

圆片　　　凹圆穴

圆柱　　　圆球　　　半圆球

下左图为白插花饰，用线虽有粗细之分，但无从判别它的高低起伏的变化。下右图有了光影明暗的效果，花饰就有了明显的立体感。

 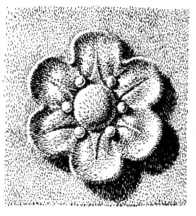

光影的作用

1.表现一定的空间距离

有了光影可明确地看出门廊的深度、出檐的宽度和左侧树木离墙的大致距离。

南京长江大桥在此鸟瞰图上除引桥外看不出铜梁正桥和铁路引桥桥墩的高度，有了阴影它的高度基本上就显示出来了。

2.表现对象的体形及其与落影面的空间关系。

从下图的明暗阴影中可看出A是一圆锥形壁灯，B是有高树干的球形树，C是圆锥形树。

3.表现落影物体的体形

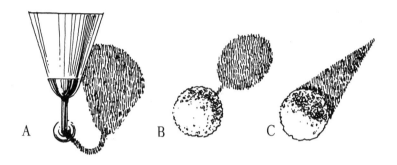

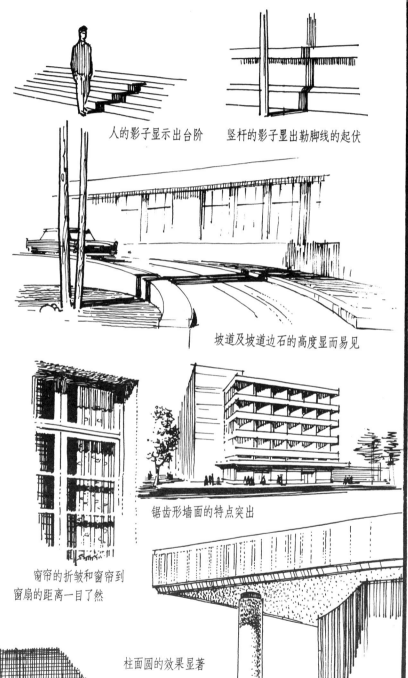

下面两图虽为平面，但落影的大小显示出各体量的高低。下右图从其阴影中可看出是一个两坡顶建筑。

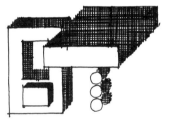

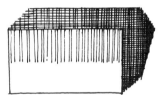

人的影子显示出台阶　　竖杆的影子显出勒脚线的起伏

坡道及坡道边石的高度显而易见

由门廊顶棚在墙面上的落影可看出顶棚的形状及其与墙面的关系。

锯齿形墙面的特点突出

上图由窗影可看出窗扇有两扇是打开的且与墙面成一定角度。

窗帘的折皱和窗帘到窗扇的距离一目了然

柱面圆的效果显著

4.对对象起"生根"和衬托的作用

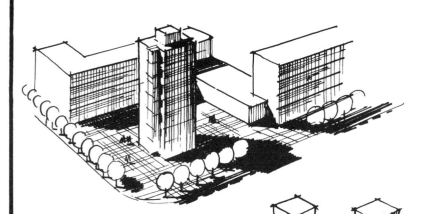

上图有了阴影，建筑物立足点明确，后者的阴影衬托了前者。

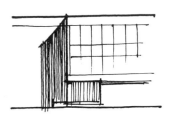

左边的立方体无阴影，似乎飘浮在空中，右边有了阴影即落地生根。

光线角度的选择

光线角度的选择要有助于表现建筑的体积感。

光线一般来自左侧或右侧，不用正对光。

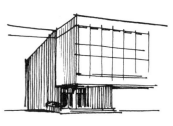

如右体量突出在前（右上图）而无明显的透视感时——立面或近似立面——则选右侧光使右侧突出的体量在左侧墙面有落影，从而显出体量有前后之分。如建筑有较明确的透视感或在两个不平行的面上有显著的色调或明暗上的区别，则光线角度的选择不尽然如上

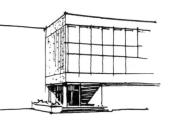

所述。

左中图光线来自右侧，右体量的前突虽较清楚，但对重点处的门廊来说几乎全部处于暗部。因此如需突出门廊则宜选用左侧光（下图），此图透视效果较强，只需在体量中不平行的面上有色调或明暗上的约略区别就够了。

右图为北京火车站，它的主要面朝北，因此除了夏季的早晚，朝北面总是阴面。

选择光线角度的现实性

1.应注意建筑物的实际朝向，特别是朝北的面，除夏季的清晨和傍晚外，都处于阴面。

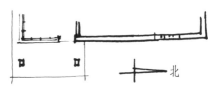

右图透视中的主要面朝向，右上图的光线角度是正常的，右中图的光线角度是不可能的。因此对北中纬地区来说，即使是夏天，太阳升高时不可能还在东北方向。

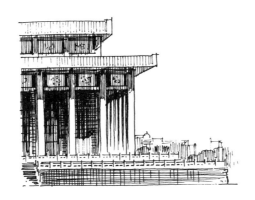

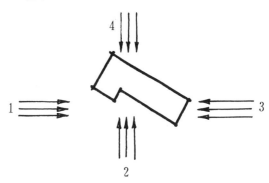

几种常用的光线角度

上图为毛主席纪念堂朝北面的一个局部，如果此面受光，总是在夏季的早晨或近黄昏，因此光线比较低斜。左图是合理的，右图是不符合实际情况的。

2. 光线的角度要考虑当地的纬度

右图为朝南阳台的透视图。就阴影来说，阳台底面的阴影越小就说明阳光的入射角越小。如果阳台的侧面落影小就说明太阳已升至一定的高度（正中午无落影）。右上图的阴影只有在冬天北高纬度地区才会出现这种情况。如在中纬度地区，如阳台侧面落影小则底板落影长，或底板落影短则侧面落影长（早晨或傍晚），见下图。

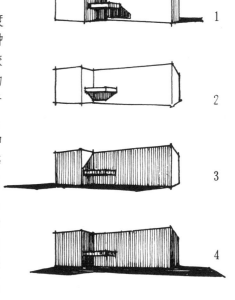

光线与建筑物所成角度一般有如右图所表现的四种情况。右侧各图中1及2较常用，因建筑易于取得明朗的效果，体积感及细部也都易于表现。3及4大面积处于暗部，没有光影变化来表现体积感和细部（如出沿、线脚、挑台等的凹凸），一般不常用，特别是4。如果是朝向上的要求而选用此种光线角度时，要注意加强反光效果，影要深，大面积的阴面要淡。在鸟瞰图中，采用3或4的逆光效果倒别具风味，因任何一个立方体的三个面中至少有一面受光。如下图所示，加深落影而处于阴部的垂直墙面略施淡彩倒可得强烈的光感和体积感。

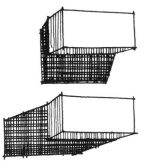

右下图的阴影较合理

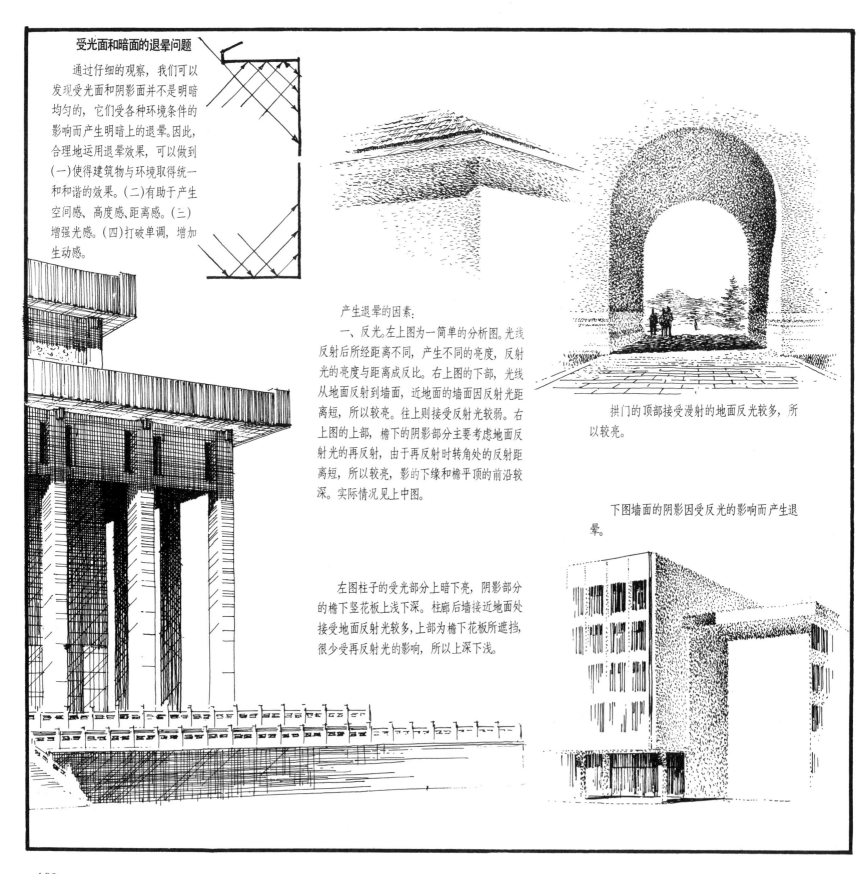

受光面和暗面的退晕问题

通过仔细的观察，我们可以发现受光面和阴影面并不是明暗均匀的，它们受各种环境条件的影响而产生明暗上的退晕。因此，合理地运用退晕效果，可以做到 (一)使得建筑物与环境取得统一和和谐的效果。(二)有助于产生空间感、高度感、距离感。(三)增强光感。(四)打破单调，增加生动感。

产生退晕的因素:

一、反光。左上图为一简单的分析图。光线反射后所经距离不同，产生不同的亮度，反射光的亮度与距离成反比。右上图的下部，光线从地面反射到墙面，近地面的墙面因反射光距离短，所以较亮。往上则接受反射光较弱。右上图的上部，檐下的阴影部分主要考虑地面反射光的再反射，由于再反射时转角处的反射距离短，所以较亮，影的下缘和檐平顶的前沿较深。实际情况见上中图。

拱门的顶部接受漫射的地面反光较多，所以较亮。

下图墙面的阴影因受反光的影响而产生退晕。

左图柱子的受光部分上暗下亮，阴影部分的檐下竖花板上浅下深。柱廊后墙接近地面处接受地面反射光较多，上部为檐下花板所遮挡，很少受再反射光的影响，所以上深下浅。

二、透视所产生的退晕

连续的有规则的凸凹面在透视上所显露的阴影面和亮面的变化,可在总效果上产生退晕。

甲、左边所见的阴暗面多,右边看不见阴面,故产生由左至右由暗至明的退晕。

乙、同样,由上至下产生退晕。

丙、竖片格也同样产生自左至右的退晕。

甲

乙

丙

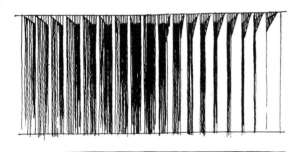

下图瓦楞相当于甲,砖缝相当于乙,格片空隙的透视变化相当于丙,它有综合的退晕效果。

三、距离所产生的退晕

因大汽中存在有水汽与尘埃,物体的暗部的深度与清晰度与距离成反比。掌握此原则,则易于表现画面上的空气感和距离感。

四、因与人工光源的距离差异而产生的退晕。人工光源的照明在距离上的亮度差异很大。下图为一夜景,亮度的退晕效果很明显。

强光（或眩光）

在建筑画中，为了取得特殊的强烈的光感效果和明暗趣味，有时可表现眩目的强光。如直接反射阳光的具有光亮面面材料的建筑、夜景中的强光光源等。我们在观察强光源或强光源附近的物体时，因其眩目总是看不清它或它们的真实形象。作为强光源的太阳，我们就始终无法见其真面目。接近光源的物体，在一定距离上才渐现其形。

图甲，单纯以黑白对比显出亮部的鲜明形象，只能说明它是亮的，并不产生眩目的光感。图乙由亮部到暗处有明显的退晕，不强调亮部的轮廓反而具有光芒四射的强光感。

左下图灯塔的灯和右下图多层建筑所反射的阳光就表现了这种效果。如果我们把灯塔的灯和多层建筑所反映的太阳及其周围的物体都表露无遗，那么，光感就会差多了。

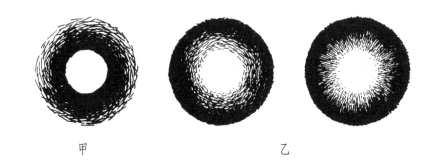

甲　　　　　　　　乙

反影

画面中出现的大片阴影面如果处理不当，则会使画面显得昏暗、沉闷和单调。在这种情况下，我们就要借助于反影，使阴影部分也富有光感和立体感，从而使整个画面生动而丰富。

反影光源一般考虑为阴光在水平面（一般为地面）的反射光。产生反影的光线有两种常用的角度。其一是反射光与阳光在水平投影上为同一方向，即入射角＝反射角。另一种角度虽不合乎常理但也常用，即阳光与反射光在水平投影上成90°角。如果说阳光从作画者的左、后、上向射向右、前、下方，反射光则从右、后、下方射向左、前、上方。这种反射光对阴影中的曲面表现有利。

此页中的两图为不同角度的两种反光的表现。

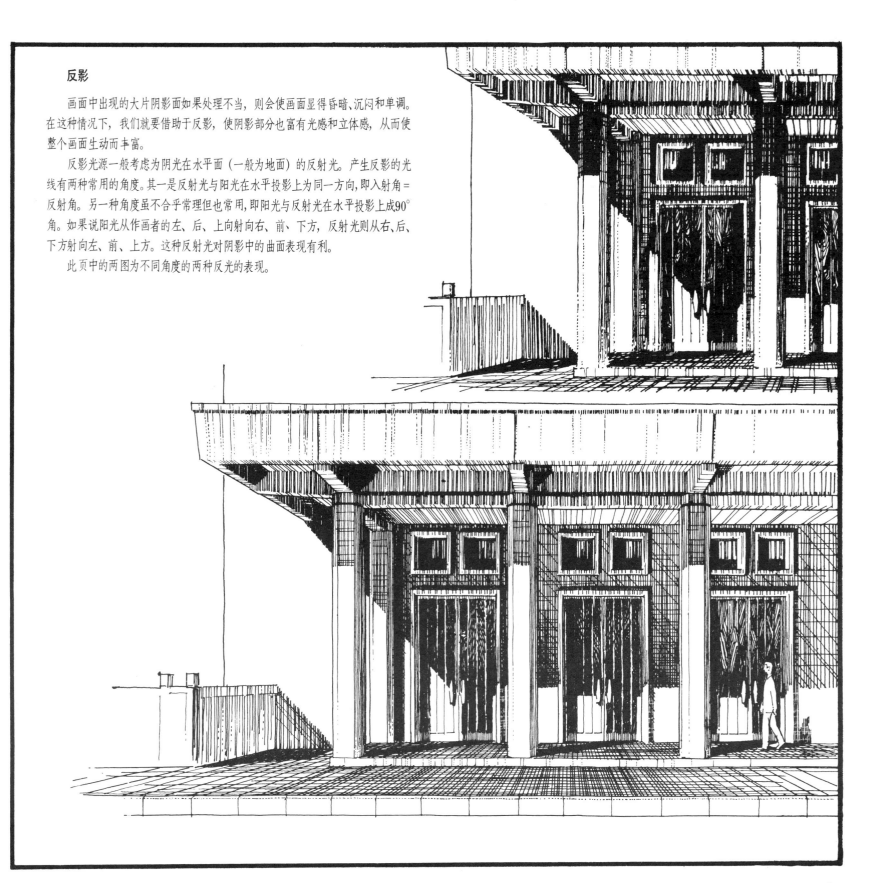

这是建筑物与环境在光影和色调上各种变化的表现图。

（三）质 感

砖

砖墙一般主要以水平缝来表现。小比例的砖墙只要画出水平缝就行了。

a、b、c 图为受光不同的两个垂直砖墙面及其阴影的几种表现方法。

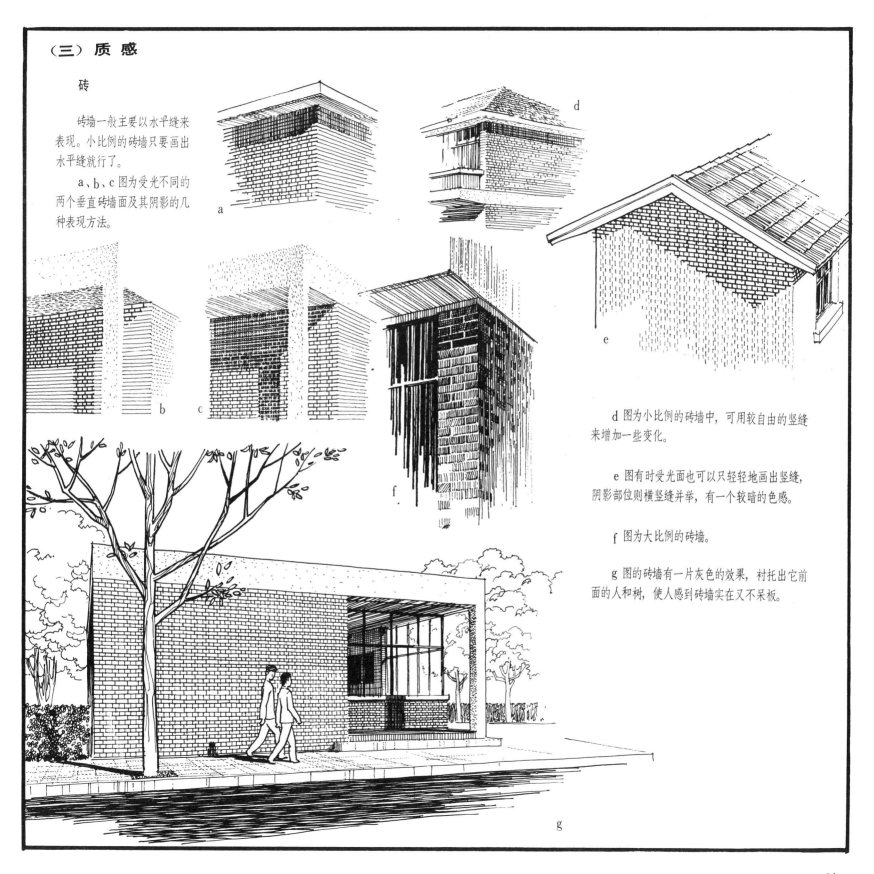

d 图为小比例的砖墙中，可用较自由的竖缝来增加一些变化。

e 图有时受光面也可以只轻轻地画出竖缝，阴影部位则横竖缝并举，有一个较暗的色感。

f 图为大比例的砖墙。

g 图的砖墙有一片灰色的效果，衬托出它前面的人和树，使人感到砖墙实在又不呆板。

瓦和草顶

平瓦屋面的水平缝一般用小波纹线, 竖瓦楞可用不同疏密的竖向
线条, 同时要显示出瓦色有深浅的变化。

大比例的平瓦屋面可在瓦头留出水平高光。

大片的平瓦屋面可用长线上一个底色,
再在两水平瓦缝间疏密不等地加短竖线以
显示瓦楞和不同的色感。

小比例的平瓦屋面只用单一的小
波纹线来表示就行了。

蝴蝶瓦的竖沟处可留白

琉璃筒瓦

画草顶的线条基本上要符合用草的长度, 要注意边
端处理, 和草顶有一定的厚度。

接近于正视图的大比例的蝴蝶瓦屋面在瓦沟处可画
阴影。

传统的琉璃瓦顶有明显的举折, 要注
意整个瓦屋面有高光部分。

木

木纹既有一定的规律性又富有变化，相邻的纹路有彼此呼应和近乎平行的关系，纹路不可能出现交叉和纹混。纹理之间要有疏有密，纹路的走向也要有变化。除了要取得一种以色为主的效果，一般不需用密集而均布的纹理。纹理的组织可带有一定的装饰性。木纹一般是很细腻的，所以用笔一定要很轻淡，与轮廓线要有区别。在阳光下的木纹一般较省略或细淡，在阴影处可用较重而密的纹理来达到暗的效果。

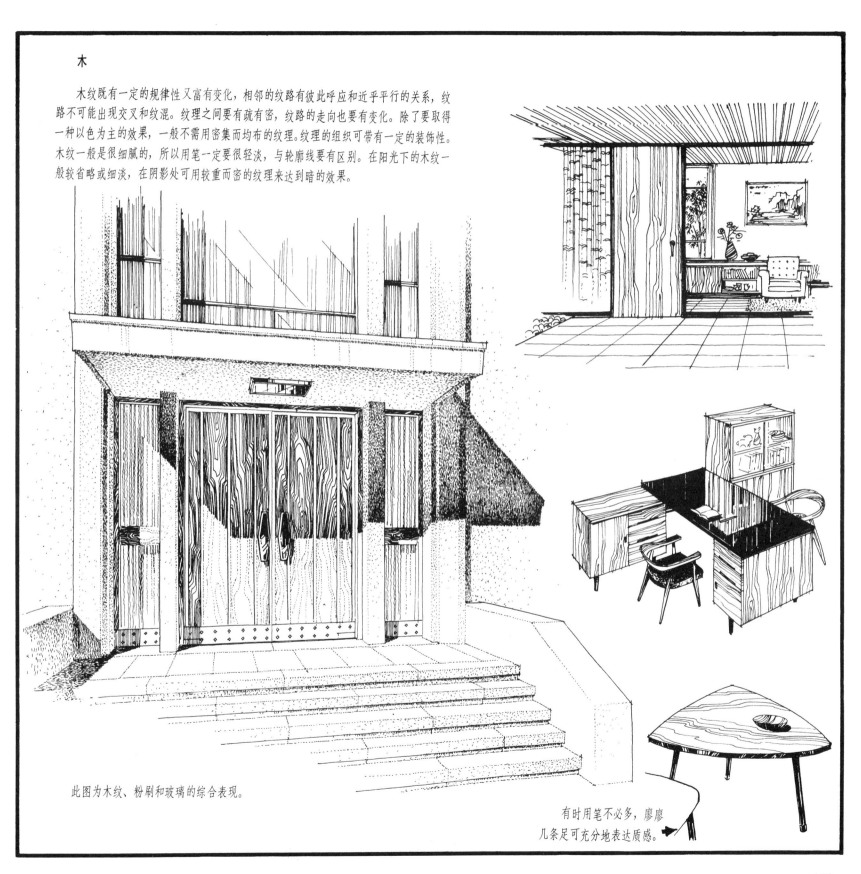

此图为木纹、粉刷和玻璃的综合表现。

有时用笔不必多，廖廖几条足可充分地表达质感。➤

133

石

方整石的传统砌法，石块扁平，竖缝错开。

竖置的石块一般只能做不承重的贴面石。它们的拼缝甚至完全可不按常规。

角石的水平缝应在转角处相通。

角石过于单薄

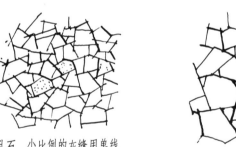

不规则的整石墙

不宜有竖向的长通缝

石面的各种粗细质感和纹理的表现

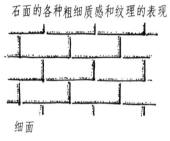

细面

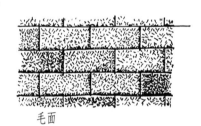

毛面

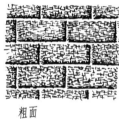  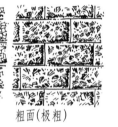

粗面　　　粗面（较粗）　　　粗面（极粗）

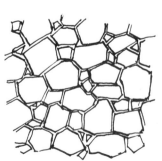

乱石　小比例的灰缝用单线
　　　大比例的灰缝用双线

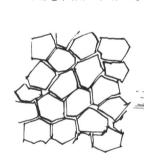

除铺地外墙体不宜有通缝

石块表面带有凿痕，纹理方向不尽相同

乱石要注意大小搭配

大小相等的石块看来比较单调

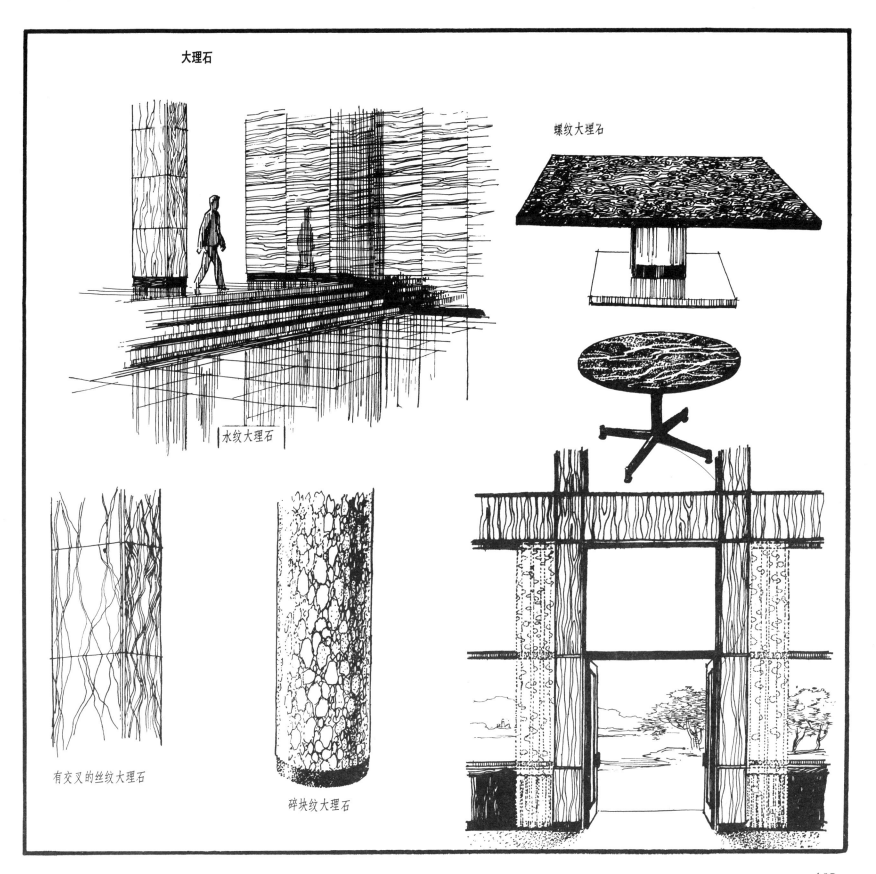

大理石

螺纹大埋石

水纹大理石

有交叉的丝纹大理石

碎块纹大理石

玻璃与窗

过去的建筑因材料和结构的限制，墙面大，窗小，玻璃的分块也小，建筑画侧重于外部体量和装饰细部的描绘，窗户只做为一个实面而存在，一般不透过深入地画到内部。最多透过玻璃画到窗帘。沿用至今，这种表现方法对大墙面小窗户的建筑仍然是有效的。但对造型简洁的大玻璃面的现代建筑来说，玻璃做为一个简单的实面来表现显然是不够的，它必需表现内外部空间的关系，它必需表现透明或反射，或透明与反射兼而有之的特性。

右图的窗户以窗帘来增加它的生趣，窗帘内只是画暗而已。在窗帘部分着重表现竖折纹，注意窗扇上的横挡和横格条在窗帘上的落影呈波形，它更强调窗帘的折皱。玻璃的横分格条不需画线，在画窗帘摺皱线时将它留出，在视觉上反而有强烈的光感。

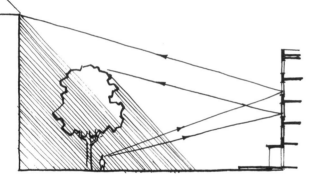

玻璃的反射

在室内较暗的情况下，玻璃具有较强的反射效果，它反映前方的景和物。根据入射角等于反射角的原理，画出它所反映的正确的影象与画水中的倒影的方法相同，画法将在"水"的一节详述。由于窗玻璃不是全反射的镜子，它多少还透到阴暗的室内，因此它所反映的物象总比较暗一点，模糊一点。建筑物受光面的窗玻璃除天空外所反映的物体背光的多，所以影象颜色较深。建筑物的阴面玻璃所反映的物体迎光的多（如北窗所反映的物体多半朝南），所以玻璃较亮。

在屋檐阴影内的玻璃反映天空则亮，反映出檐平顶则暗。

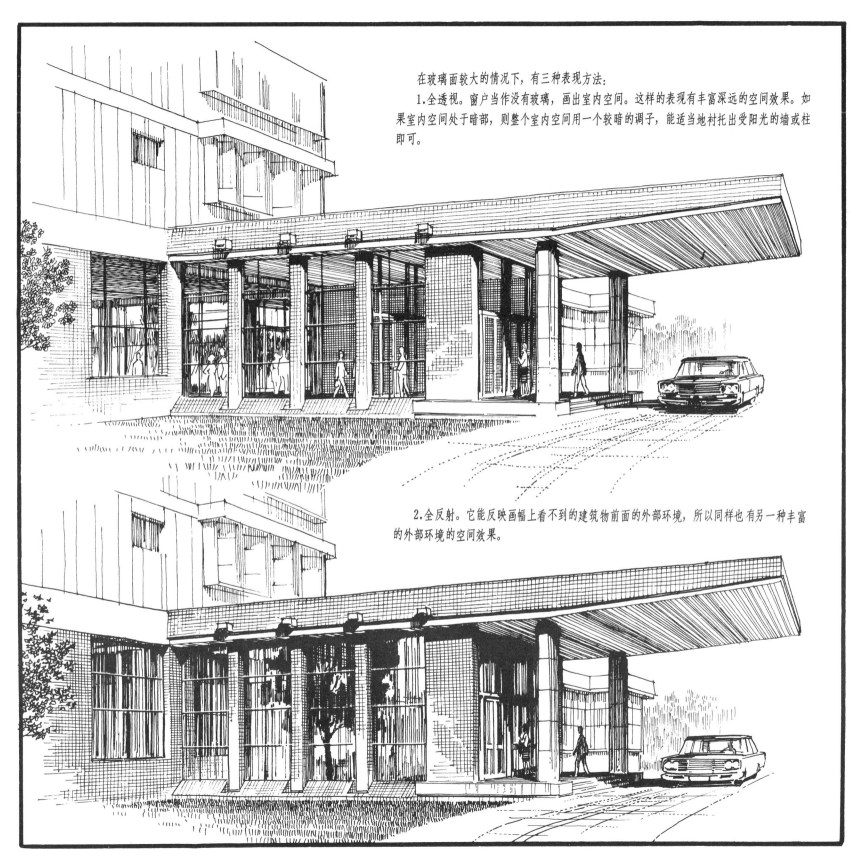

在玻璃面较大的情况下，有三种表现方法：

1.全透视。窗户当作没有玻璃，画出室内空间。这样的表现有丰富深远的空间效果。如果室内空间处于暗部，则整个室内空间用一个较暗的调子，能适当地衬托出受阳光的墙或柱即可。

2.全反射。它能反映画幅上看不到的建筑物前面的外部环境，所以同样也有另一种丰富的外部环境的空间效果。

3.半反射，半透明。

玻璃在一般情况下具有既透又反射的特性。在反映比较光亮的对象时，往往是看不到内部空间的。如果反映的是较暗的对象，则往往通过玻璃所反映的暗的物象看到内部不太暗的空间。这种既透又反射的效果适合于表现高大的玻璃窗。

用一般的视高来画高层建筑时，上部的窗户反映天空，下部的窗户反映对面的景物。如窗比例或面积较大而反映的对象又较暗时，透过暗的影象可隐约地看到内部。如窗玻璃面积较小，一般只画反影就行了。注意：高层建筑的玻璃所反映的天空，上下往往是有退晕变化的。晴朗的天空，天顶往往是深蓝，越往下到地平线越淡。因为看天顶时，视线穿过的大气层较薄，水汽和尘埃也较少。接近地平线时视线透过的大气层增厚，蓝色渐淡。如果天空满布轻淡的浮云，则接近天顶的较亮。总之，天空的色调变化要根据特定的情况来定。

水的表现

① 在水面完全平静的时候，可准确地反映出水面上物体的倒影。但水面倒底不是镜面，反映的形象、明暗和色彩总要比原物模糊一点。水面上可留出水平空白的水纹。因一阵微风可使部分水面微皱。

② 水清澈见底，有水的部分上一层色。露出水面的岸石可画出水落后的水平型水痕。它随着物体的凹凸根据透视而富有变化。

③ 水面略有扰动，遇岸激起回波，波纹随岸的变化而变化。

④ 微风吹起粼粼碎波，即使有倒影已不成形，只是大体形象依稀而已。

⑤ 水面较大，有波浪，无倒影，水波的起伏要注意透视效果，近处波纹起伏大，渐远起伏渐弱，接近视平线几乎成水平线。

139

倒影

产生倒影的条件

平静的水面，下过雨或洒过水的路面以及光滑平整的材料如玻璃面、磨光大理石面、打蜡地面、亮漆面等都能产生倒影和反影。

倒影的作用

可以丰富空间的表现（在实际效果中可产生幻觉空间）。有许多高大的纪念性建筑物前常有倒影池。在画面上有时有大大片的路面或水面，特别是水面，有了倒影就生动得多。

求倒影：

倒影不是反射面上物体形象的简单的重复，如果我们以产生倒影的反射面为水面，水面以上的任何一点，它的倒影，对水面来说距离是相等的。如图 $\boxed{1}$ ba＝oa′。图 $\boxed{2}$ 求挑檐的倒影时，先作 a_1、a_2 的延长线到水面使 $a_1'o = a_1o$，a_1' 即 a_1 的倒影。由此可见，透视上看不到的檐口平顶，倒影却暴露得很清楚。另外，凡是水平的线，它的倒影与它共灭点。斜面上的线的灭点与它的倒影上的灭点对视平线来说是等距对称的，如图 $\boxed{4}$。

实际上建筑物很少座落在水面上，它所处的位置往往比水面高。因此在求倒影时，我们可设想把水面延伸到建筑物的下面，确定建筑物与水面的相对位置，然后由此即可求出倒影如图 $\boxed{5}$。用同样的道理也可求出不是水平面的光滑面的反影。

上面讲的是静止水面上的倒影。对水面来说，有风就起波，倒影随之而起变化。

左图，水面平静时倒影的形象清晰。水面有波时，一个波的一部分反映物象，一部分反映天空，所以倒影断断续续，拖得很长。明显的例子是，晚上一点灯光在平静的水面上的倒影只是一点，起波时倒影就拖成一长串。

基本静止的水面上的倒影与原物等长。

水面略有扰动，倒影有断续并拖长。

水面起涟漪，倒影零碎，拖得很长。

波较大，波峰带棱角，无倒影。

四、建 筑 画 实 例

街景以表现建筑体量为主，细部从简。画面简洁素雅。屋顶绿化形成若干色带，为整幅画增添不少生趣。

建筑群体间的公共空间因小品、人物和树木的点缀而显得亲切、丰富和富有生活情趣。空白的树干与复杂的背景有着最简明的层次。注意树木叶丛的用笔随距离而有尺度上的变化。地面上的落叶更增几分趣味。

　　建筑物与环境绿化的结合很自然。建筑物没有明暗阴影。窗墙的表现虽平铺直叙，但仍具有体积感。前景中的树木舒展多姿，其造型和用笔已概念化，不影响主题——建筑物——的表现，两者相得益彰。

此画面富有装饰趣味，树木及垂挂绿化的造型趋于建筑化，效果很统一。左侧近处的建筑物不尽描绘，但韵味无穷。

此画面较简洁典雅,大部分为单线勾勒。屋面及门窗形成深色的带与块,使画面丰富多彩。港湾内的水面略施以跳动的笔触,显示出粼粼水波。

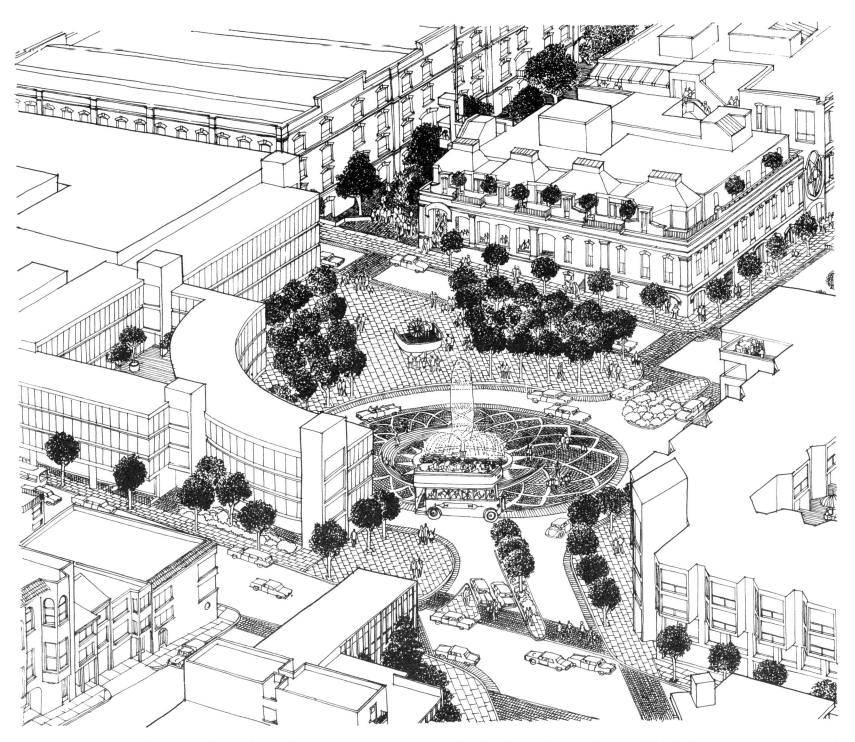

此画面重点表现建筑群体环境中的开敞空间，建筑物轻描淡写，但广场、绿化、路面、人物、车辆的活动等描绘得细致入微，耐人寻味，虽无明暗阴影但富有色感。

树木对衬托建筑物的浓淡配置得很得体，富有装饰性，树形简单但很生动，爬藤及花草更添几分情趣，建筑物与环境取得有机的结合。

砖墙、石墙与草地增加画面色度上的变化，并使其与近树产生了明暗层次。草地的用笔变化有透视感，右侧草地的用笔显示出地面有轻微的起伏。近树根的几片藤叶使光秃的树干增添几分生气。

此画面建筑物的玻璃为全透明，完整地表现出内部空间及其陈设。这种表现手法对外形简洁的现代建筑是可取的。室内墙面在阴影部分仅用均布的直竖线，地面阴影涂黑。游泳池中摇电的倒影线充分表现了水的波动特性。

　　此画面表现了内外空间的相互渗透。大片地面的纹路、入口平台、顶棚的格框，都有利于表达空间的引伸，并聚焦到有较深空间感的趣味中心——门廊。建筑物的质感表现较细致，但环境表现较清淡，远处树木只勾画轮廓。整个画面较简朴淡雅。

此景为船上所见，船舷框与栏杆形成别致有趣的画框。远处以小块灰色块面并间隔以空白块形成闪烁跳动而含蓄的城市建筑群。世界贸易中心大楼为构图中心，留白部分加强了光感和生动感。

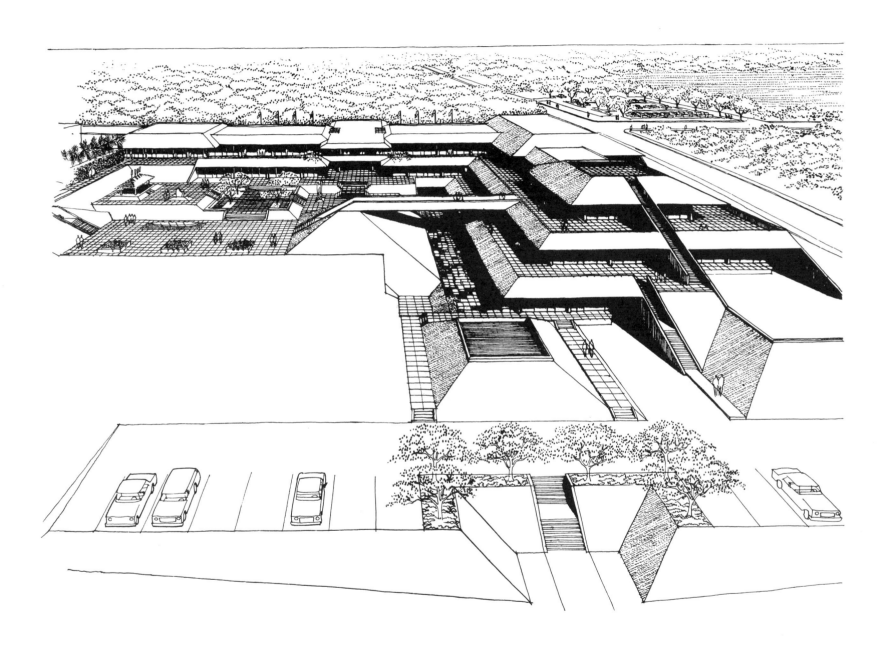

画面清秀明快，地面用分格线形成灰色面，黑色只用于阴影部分的玻璃面，坡屋面的阴面由显示坡向的虚线组成，远树亦用虚线。整个画面黑白灰色块的组织恰到好处。

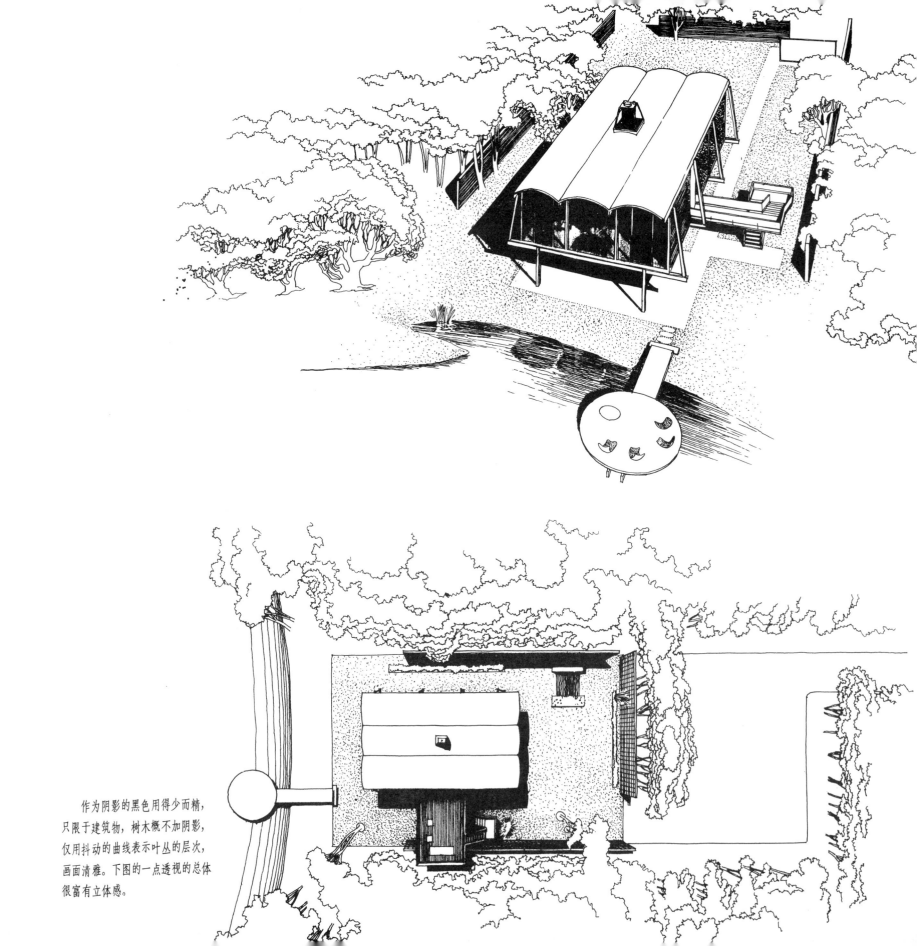

作为阴影的黑色用得少而精，
只限于建筑物，树木概不加阴影，
仅用抖动的曲线表示叶丛的层次，
画面清雅。下图的一点透视的总体
很富有立体感。

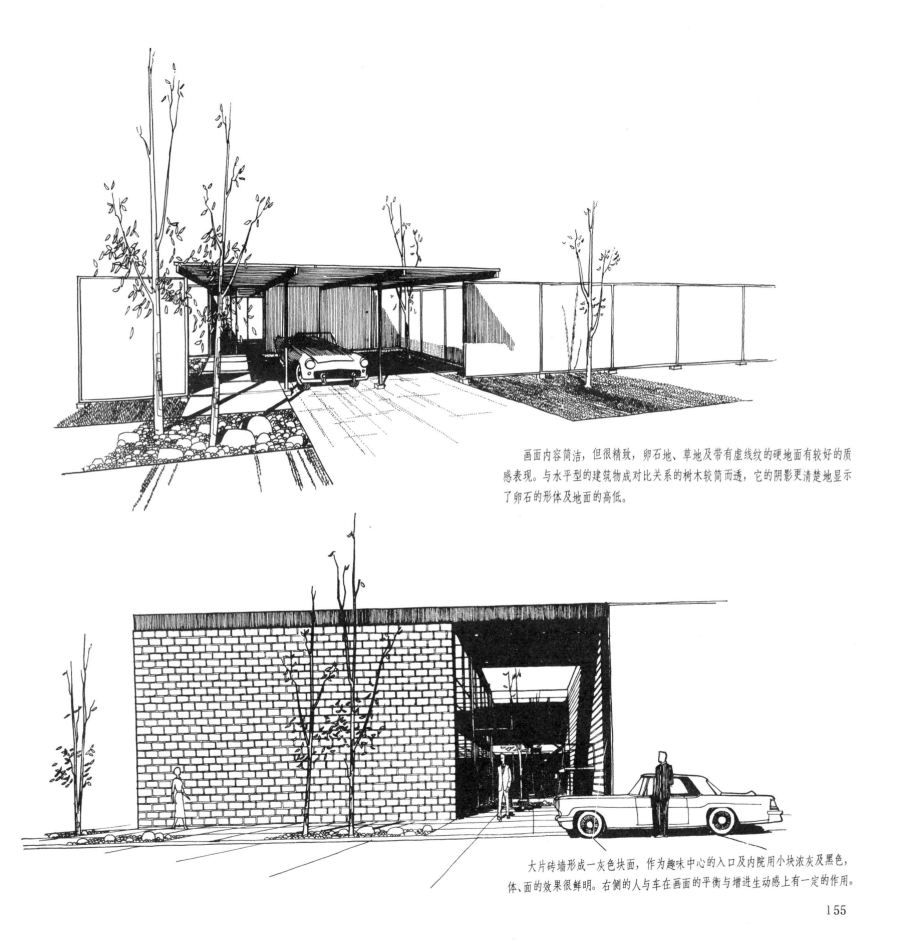

画面内容简洁，但很精致，卵石地、草地及带有虚线纹的硬地面有较好的质感表现。与水平型的建筑物成对比关系的树木较简而透，它的阴影更清楚地显示了卵石的形体及地面的高低。

大片砖墙形成一灰色块面，作为趣味中心的入口及内院用小块浓灰及黑色，体、面的效果很鲜明。右侧的人与车在画面的平衡与增进生动感上有一定的作用。

黑白分明的总体表现出依山建筑群的丰富的造型和明显的起伏变化，整个画面很富有立体感。

塔式建筑虽在明暗和质
感的表现上上下无甚变化,
但就整体而言,加上强烈的
凹凸起伏,却具有丰实敦厚
的体积感。环境表现虽范围
不大,却也丰富多姿。

157

主要建筑物只是简单地
用幕墙分格网满铺整个体量。
它之所以不单调平淡，是因
为有丰富的环境表现 和 幕墙
的镜面玻璃中的映象。

158

窗玻璃部分加深、大部
分留白也能表现玻璃的质感,
既省略又有明亮感。右侧近
景的建筑一角因有较深的背
衬,可处理得简单素淡。

画面的透视效果较夸
张，近中心表现细腻，明暗
强烈，远离中心则逐渐简略。
用虚与实、简与繁的手法突
出画面重点，显示明显的聚
焦性。表现色块的用线只有
垂直线、水平线和聚向中心
消失点的消失线，浓黑的天
空由密集的短乱线组成。

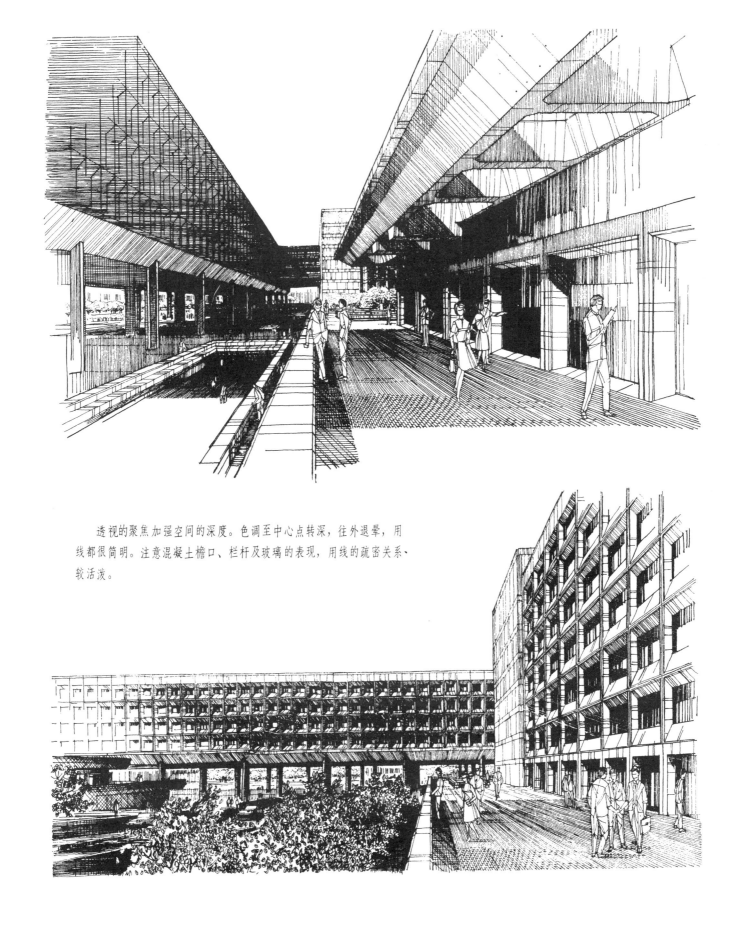

透视的聚焦加强空间的深度。色调至中心点转深，往外退晕，用线都很简明。注意混凝土檐口、栏杆及玻璃的表现，用线的疏密关系、较活泼。

此画在明暗、层次、空间感和质感的表现上均有精湛的技巧。近景中的树木形成别致的画框，只勾画轮廓线，在色度上与深色建筑成对比。

商场的内外空间相互贯通。人物、店内陈设、户外咖啡座、作为对景的高塔以及明亮的阳光，使画面充满了商业建筑的活跃气氛。阴影面全用带一定方向的短乱线组成，有明确的体与面。拱顶的表现颇有玻璃的质感。

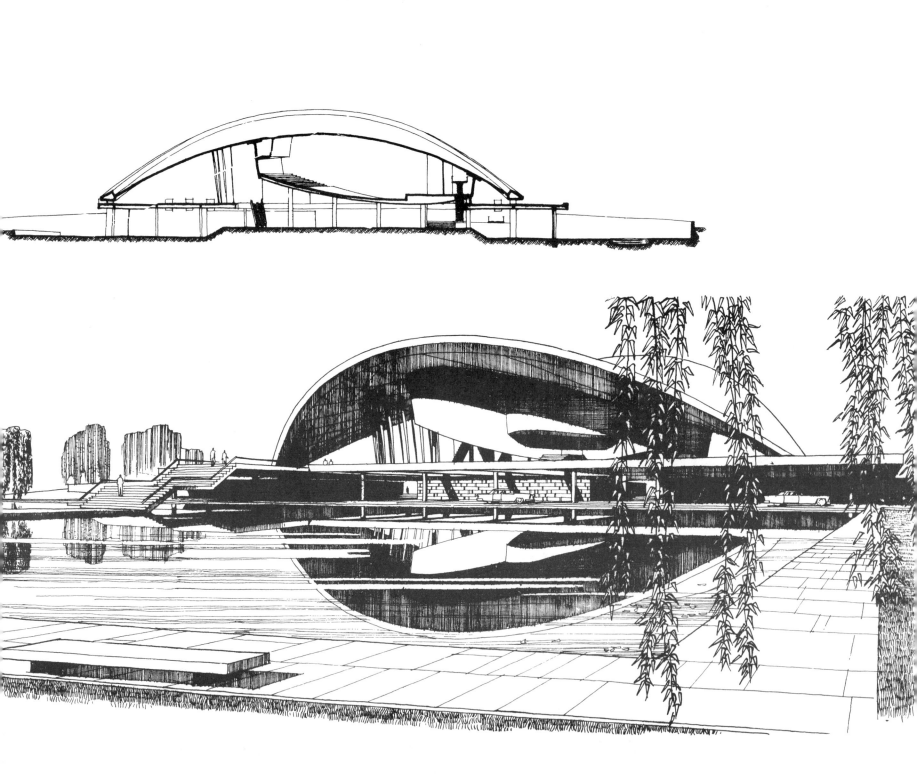

注意水纹的表现，它和建筑物的倒影增强了画面的立体表现和趣味。垂柳枝与水平型的建筑物在构图上形成对比，使画面更为生动。建筑物的阴与影仅以竖线和水平线来表现，但仍富有立体感。

Citicorp Center. New Yo

　　建筑物着重于表现大体量。体量与空间的穿插变化及环境表现均较丰富。人是环境表现中的重要组成部分，人的配置显示空间的导向、性质及深度。前景中的大片阴影可增加层次和空间感。阴影中的人物与花木有浓淡明暗的变化，树群在构图中有明显的平衡效果。

树木随道路的引伸而有丰富的层次和空间感。环境开朗亲切。房屋材料、草地、道路、人行道有充分的质感表现。人行道与路面的高差表现得含蓄生动。

建筑物不画轮廓线及面的分界线，用带一定方向的乱线组成明暗浓淡来区分体面。天空的乱线较长而细，水池用回形线表现水的涟漪。

云天的表现别致有趣，它由短笔触的块面组成。建筑物与天空光色度或明暗上要有强烈的对比。如果压不住做为背衬的天空，天空本身就会显得花俏零乱。

块面上的线条通长横贯，不完全平行，部分略有交叉，没有面的竖向交线。有粗犷刚劲的质感，用笔简练豪放。

画面构图有戏剧性的效果，窄条的深沉天空，高耸的建筑体型，使建筑物带着浓厚的纪念性。水面的倒影更加强这种高耸感。

170

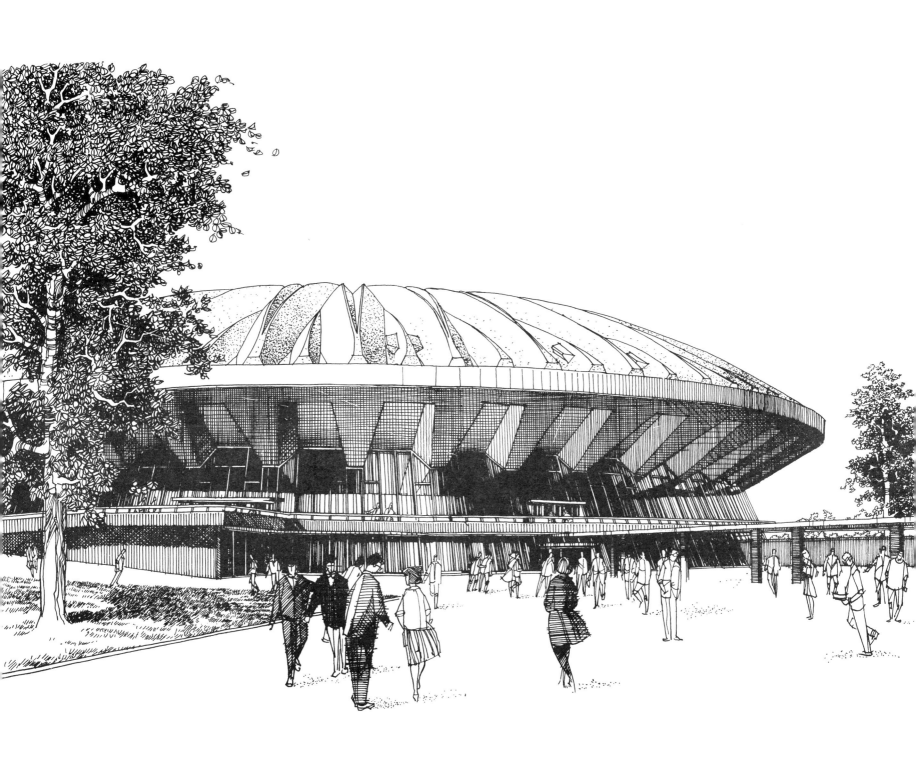

表现圆形建筑的体量只用了三种方向的直线——竖线、水平线和斜线。

　　以单纯朴实的直线来组织建筑物的明暗，着重体和面的表现，不勾出面的转折和轮廓线，体现了体育场建筑的结实和浑厚。注意草坡的质感笔触和层次，以及草坡与台阶、人物的色度对比。

画面表现出建筑物的玲珑剔透，遮阳竖隔片中隐约现出内部梁架及陈设，门厅内的楼梯也清晰可见。树木也与建筑物协调一致，没有造成对主题的遮挡。整个画面清秀细腻。

在界定的块面内均用长乱线，用笔活泼自由，别有风味。

此画采用逆光，阴面淡，用笔很少，而影面深，有强烈的反射光，使人感到阳光灿烂。远景的海滩岩石加深，用以衬托建筑物。海水与岩石滩用笔轻松洒脱。

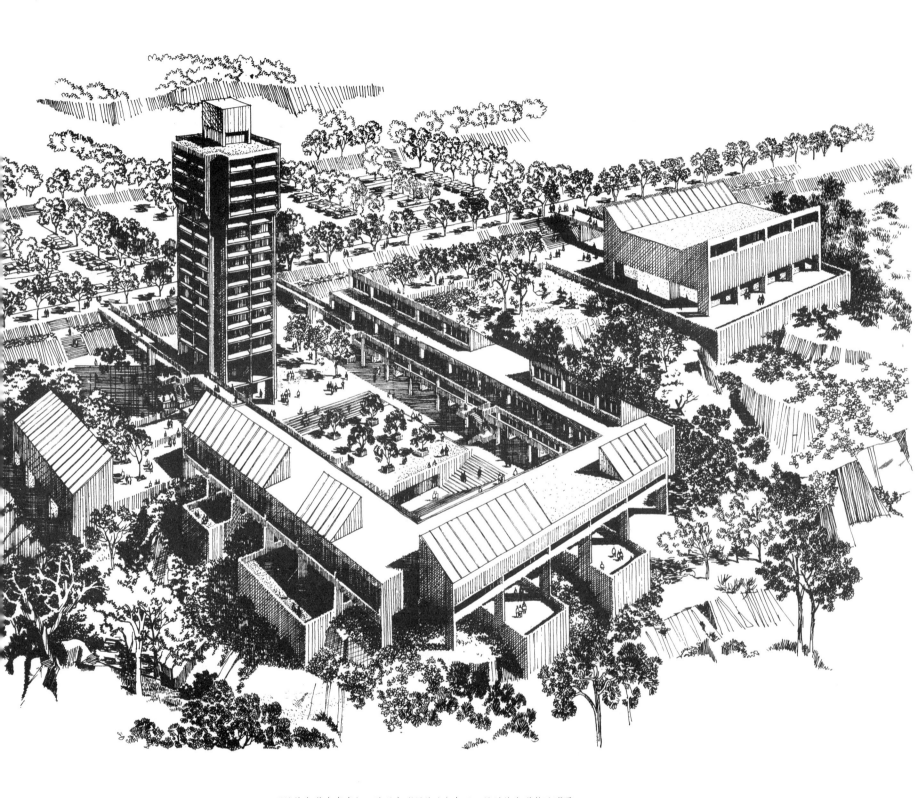

环境的表现丰富真实，地形有明显的跌宕起伏，坡地的表现简洁明了。

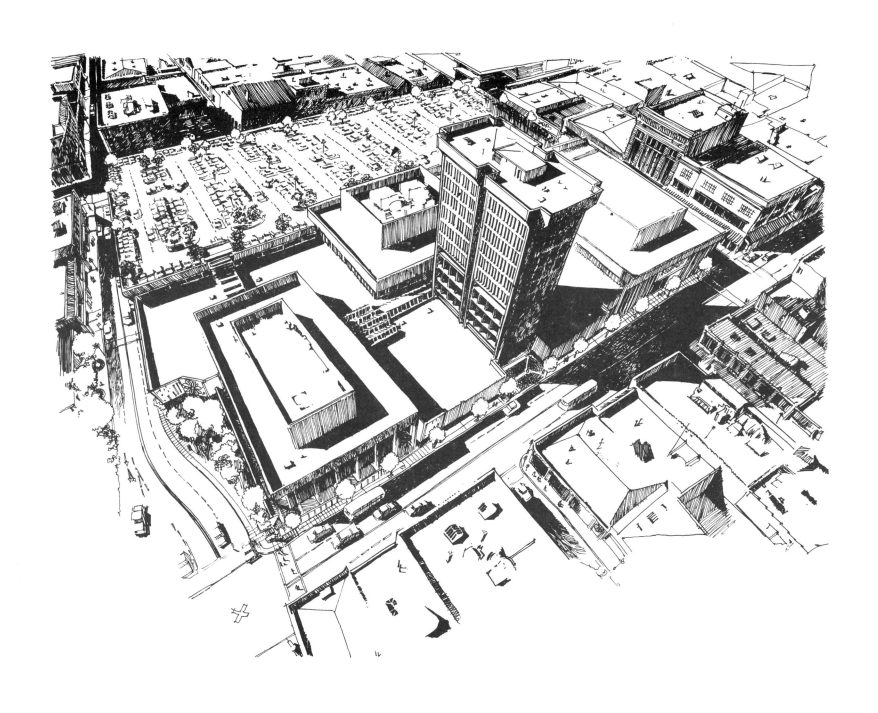

　　三点透视充分表现了建筑群体的三度空间，有明显的居高临下的立体感。受光部分的垂直面与水平面的交线皆省略，有强烈的光感。

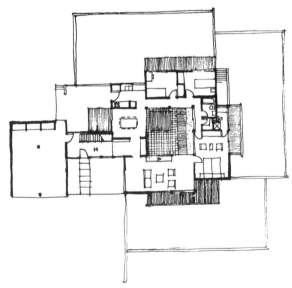

日本某住宅的内庭，线条轻重适宜，有层次和空间感。表现质感纹理的均用细线，表达层次的轮廓线均较重。

用表现质感的纹理
形成一色块来丰富画面。
如上面的木纹板壁，其
中的家具 点缀几小块黑
色。下面用灰色的地毯
点缀有深色的靠椅，另
有几小块木纹橱柜。

对室内来说阳光照射面较少，可留出一片空白，阴影部分则简略地表现各种材料的纹理，如砖墙、地毯等。画面明快，有强烈的光感。

用一点透视法视野广而不易失真，室内陈设丰富，表现细腻，用笔流畅。空间层次较多，进深较大。近景虽廖廖数笔，但充分显示近前画面外空间的性质——厨房。

由近及远逐渐加深的芦席纹墙面增进了质感、色感和空间感。

　　商场内部着重表现各种商店的陈设以及装饰材料的质感或色感。柱无明显的轮廓线，仅以背景来衬托。人物有助于显示空间的尺度与深度。

用两灭点透视法取得了最富有三度空间感的三点透视效果。人物的角度也完全符合透视原则，其配置使画面生动也富有生活情趣。柱与墙面的砖纹随透视的聚向中心而变密加深。为加深面的色度，局部施以不影响砖纹质感的、带一定方向性的乱线，它们基本上聚向中心。

用一点透视法强调了画面的纵深感，以刻划室内外空间的丰富层次。表现建筑只用了竖、横、斜三种线条，用笔简练。

　　这是世界贸易中心的内厅，透视角度的选择恰当地表现了三楼面空间的流通。窗外可看到广场及对面的建筑物，建筑物的深色调恰好清楚地衬托出建筑的造型特点——尖拱窗。夹层楼面的曲线引向画面外的空间，余味不尽。

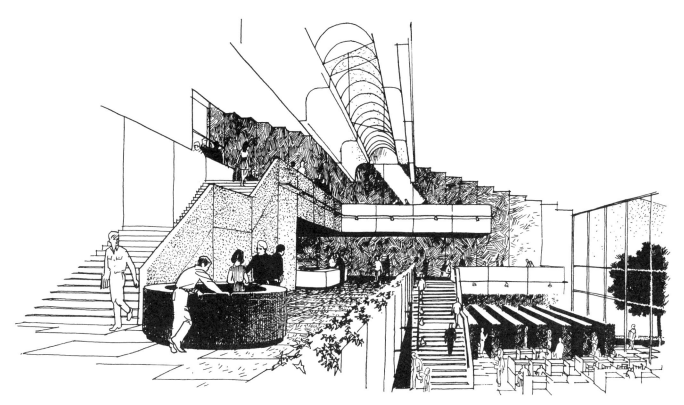

正面的带活泼纹理的灰色墙面起统一三层空间的作用，天窗与顶棚的处理简洁含蓄。

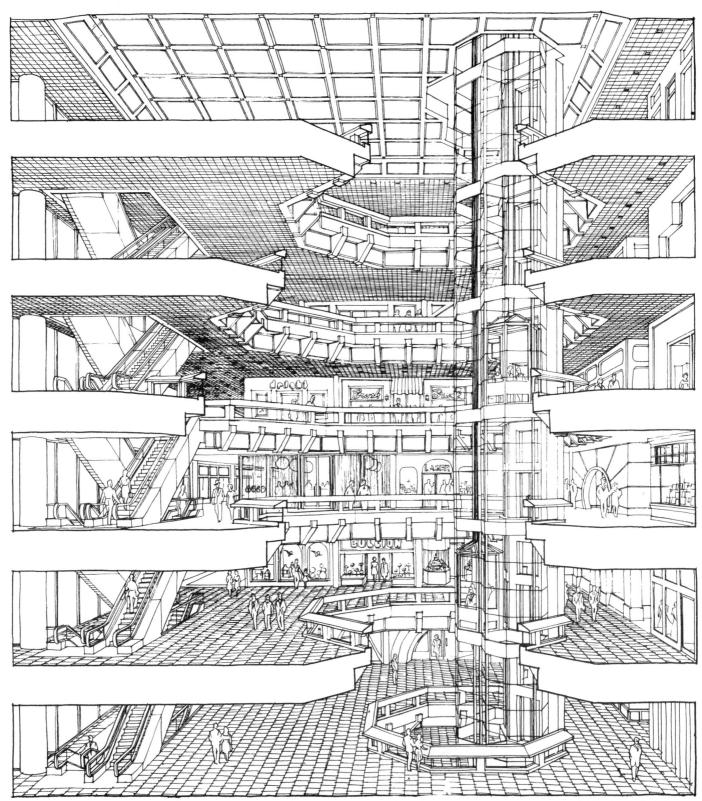

这是美国水塔广场综合大楼商场部分的剖面透视图。中部为贯通七层楼面的中庭，每层开空的大小不一，有玻璃露明电梯相连。为表现露明电梯的整体贯通和各层开空的形体，剖面不完全断在开空处，而是在接近开空处楼层剖断面折向开空中心。整个空间表现得清楚明了。

大片砖墙面与地面形成不同色调的块面，有色度上的丰富变化。人物处理得简练生动，合乎尺度。特别是近景中的人物，简略概括，笔不尽而意到，在构图上有向心性，起框景作用，又增加画面空间的深度。

用少数几种方向的直线——竖线、水平线、一点透视消失线和斜线，组成有丰富的明暗效果的室内画面，斜线使画面生动并具有一定的光感。

THE DESIGN EXPERIENCE

此共享空间内容丰富，表现细致，透视复杂而准确。画面光源为天然光，暗部基本上全用平铺的竖线，体面分辨明确。

　　此画面采取逆光，建筑物大部分体与面处于暗部但略有退晕。中心部位的自动扶梯、人物及球形灯皆留白，打破大面积的晦暗感，使画面显得生动。

　　画面的层次丰富，空间深远。楼面层层跌落，一直引伸到外部空间中的广场、喷水池等。整个空间明明开敞，室内外相互交融。大片墙面均用中长乱线。

　　空间表现极其细致，各种装饰小品、人物的动态使空间丰富多彩。梁部的加深起景框作用，更强调出远处空间的深邃。整个画面的空间主体流通，舒展而不零乱。

此图与上图同属一建筑，但视点在楼下，挑楼轮廓用作画框，但无明确的界线，含蓄有趣。用乱线形成一色度较深的有退晕的顶棚面，它与外部空间中的对街建筑物有明显的层次。

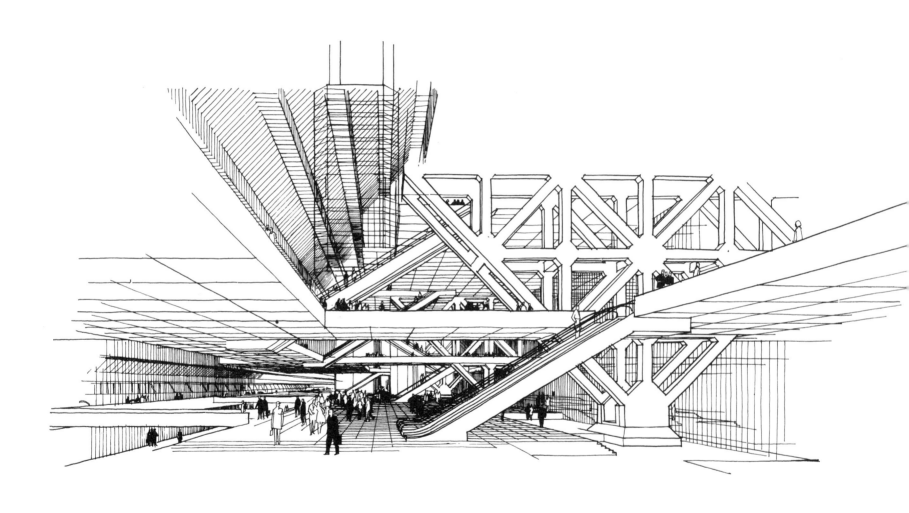

多层空间与结构造型的表现颇为简洁明了。分格顶棚与竖线形成的背景衬托出V形构架。大天窗用水平线和斜线显示玻璃面的分格和搁置方向，地面的分格增加了透视感。黑白相间的人群显示了空间的宏大尺度，也使画面较为生动。

　　用笔刚劲有力，干脆利落。大楼的轮廓线不都是粗重的，近中心向纵深过渡的轮廓线较轻，近画幅边的轮廓线较重。画面因用笔的轻
重变化和概括精练的表现力而显得生动奔放。原图有平涂色块，为印刷简便，从略。

用笔轻松自如，不拘泥于细部，适用于快捷草图的表现。

采用白描，用笔洒脱娴熟，又不失准确。

画面的主题突出，环境富真实感，层次分明但又含蓄简练。作为近景的古典高塔以表现体量为主，细部较概括简略。原作系铅笔草图。

居室有丰富深邃的室内外空间，画面上大胆地使用了斜线，使空间具有层次和光感。用笔轻松利落，技巧娴熟。

此画综合运用了钢笔和粗塑料笔。贸易中心大楼的受光面用细钢笔线，其它用塑料笔。透视效果上表现出鲜明的三度空间，用笔粗放不羁。

　　这幅画是二十年代的纽约城写生，用笔洒脱，不拘泥于小节，但形意俱佳，充分描绘出当时的都市气氛。街景层次丰富，层次是以前后建筑交接处的明暗对比来获得的。右侧近处建筑的加深，使远处淡而简略的建筑物在空间上衬得更加深远。

建筑物的地面阴影有助于加强空间感和层次。广场上频繁的交通和水池绿化等展现了都市的生活气息。远景建筑群的寥寥数笔，勾画出都市的拥挤繁忙，反衬出公园和广场的宽敞宜人。

大厅拱门为构图的趣味中心，着意描绘，由此诱导人们的视线到另一深远的空间。拱门两侧的建筑细部则轻描淡写，使画面构图更为紧凑集中。右侧的灯具透视和人物的透视关系都显示出广厅空间的开敞。

　　此内景用少量暗部，使古老的大厅显得明亮敞朗，加上人群的活动更觉生趣盎 然。拱券的明暗变化，使空间有较多的层次。画面笔法爽利，形象精确。